AF355693

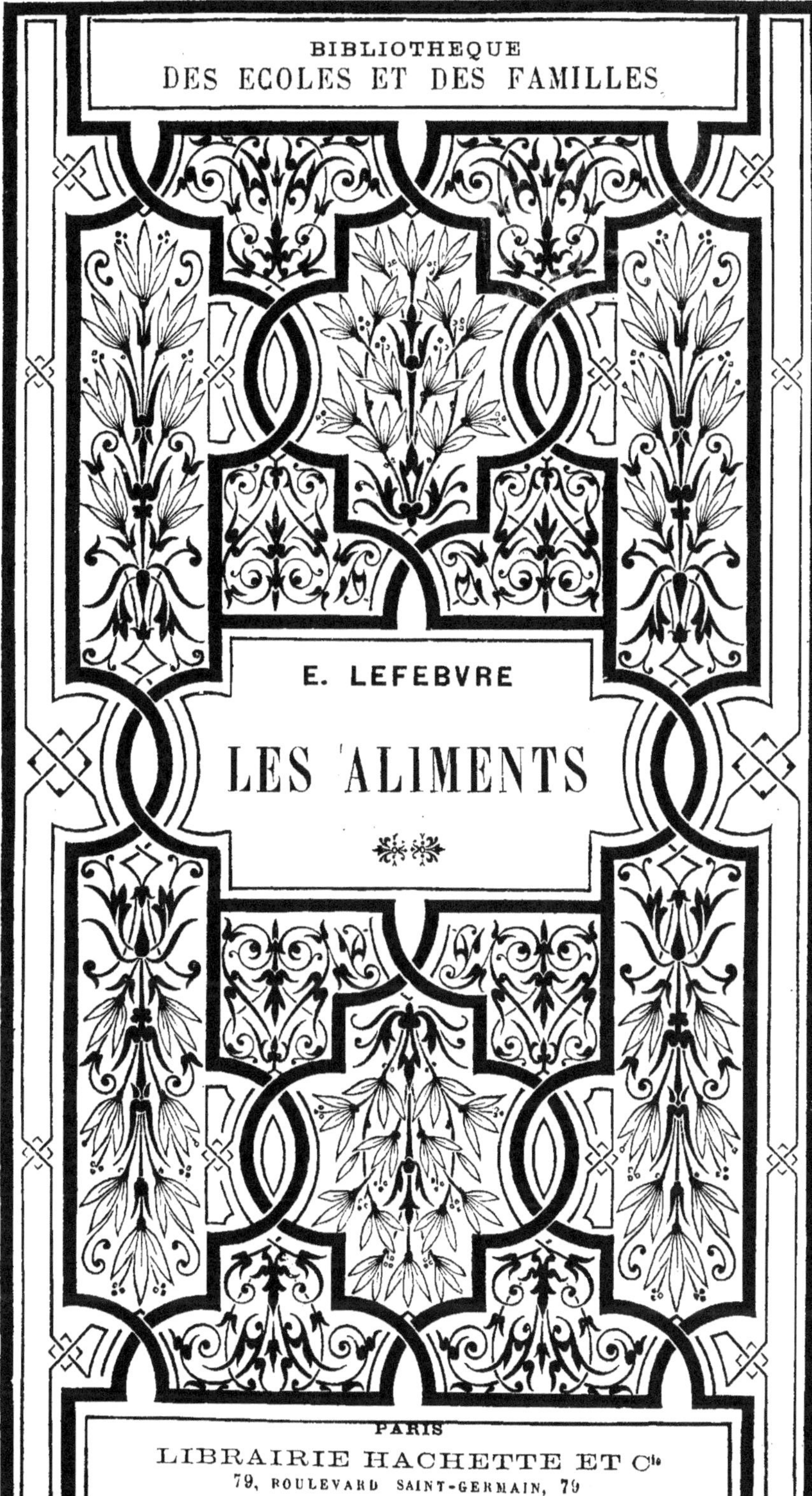

BIBLIOTHÈQUE
DES ÉCOLES ET DES FAMILLES

E. LEFEBVRE

LES ALIMENTS

PARIS
LIBRAIRIE HACHETTE ET Cie
79, BOULEVARD SAINT-GERMAIN, 79

LES ALIMENTS

PARIS. — IMPRIMERIE ÉMILE MARTINET, RUE MIGNON, 2.

BIBLIOTHÈQUE

DES ÉCOLES ET DES FAMILLES

LES ALIMENTS

PAR

EUGÈNE LEFEBVRE

Ancien élève de l'École normale supérieure, professeur au lycée de Versailles

PARIS

LIBRAIRIE HACHETTE ET Cⁱᵉ

79, BOULEVARD SAINT-GERMAIN, 79

1882

Droits de propriété et de traduction réservés

LES ALIMENTS

CHAPITRE PREMIER

LA FAIM, LA SOIF ET LA DIGESTION

1° Nécessité des aliments.

Il faut manger pour vivre : c'est une loi de la nature à laquelle sont soumis tous les êtres vivants. Animaux et végétaux, tous forment, développent et renouvellent leurs organes au moyen d'éléments qu'ils prennent au dehors. Ils les transforment, ils les digèrent, ils en font mille produits nouveaux. Leur intérieur est une véritable usine où ces matières premières sont travaillées et mises en œuvre : les uns fabriquent du bois, du sucre, de la farine, de l'huile, de la sève ; les autres, du sang, de la graisse, de la viande. En un mot, tout ce qui vit doit se nourrir.

Il y a cependant une grande différence dans la façon dont se nourrissent les animaux et les plantes. Visitez à une heure matinale les marchés destinés à l'approvisionnement d'une grande ville, les Halles centrales de Paris, par exemple, vous serez effrayés de l'énorme quantité de denrées de toutes sortes qui viennent chaque jour disparaître dans ce gouffre. C'est qu'en effet un animal ne peut vivre sans consommer et détruire une certaine quantité de matière vivante. Toute agglomération de plantes, une forêt, un champ, est au contraire un lieu de production de substance vivante : nous n'avons pas à l'approvisionner; c'est elle qui nous fournit des aliments et des combustibles.

La plante se nourrit de matières non vivantes, de matières minérales qu'elle extrait de l'air, au moyen de ses feuilles, ou qu'elle puise dans le sol par ses racines. Sa merveilleuse organisation digère ces produits minéraux et en fait des produits vivants. Il semble que la plante ait la faculté de créer, de donner la vie à ce qui en est dépourvu. Sans être aussi élevé, son rôle n'en est pas moins important. Elle ne pousse et ne se développe, elle ne végète qu'à la lumière : toute sa puissance créatrice disparaît dans l'obscurité. Ce n'est donc pas la plante qui donne la vie à ses tissus; c'est le soleil. Ces arbres gigantesques, ces fleurs élégantes et parfumées, ces fruits savoureux, tout cela est bien fait avec la matière minérale de l'air ou du sol; mais pour les animer, pour leur donner la vie, il faut un rayon de soleil.

Les animaux ne sauraient se nourrir de matières minérales : il leur faut pour aliments des substances déjà organisées par une vie antérieure. Tantôt ils consomment de l'herbe, des graines, des fruits, en un mot des produits végétaux; tantôt ils emploient comme nourriture la chair et le sang d'autres animaux : ce sont alors des carnassiers. Mais quel que soit son genre de vie, l'animal emprunte toujours au règne végétal les éléments qui le constituent : il le fait directement s'il est herbivore, ou indirectement s'il est carnassier; car les espèces carnassières ne sauraient se perpétuer qu'à la condition de manger des herbivores.

Considérés au point de vue de l'alimentation, les animaux diffèrent donc des végétaux, en ce que ceux-ci peuvent se nourrir de matières minérales, qu'ils transforment sous l'action de la lumière en produits organisés. Les animaux, au contraire, se nourrissent de substance organisée et reçoivent la vie du règne végétal.

L'homme obéit à la loi commune et ne peut vivre sans manger. C'est quelquefois pour lui une dure nécessité : mais aussi, poussé par elle, il est devenu le roi de la création. Dans certaines régions du globe terrestre, l'élévation de la température permet à l'homme de vivre en plein air; une végétation active et luxuriante lui fournit aisément les aliments indispensables à son existence : aussi est-il resté à l'état de nature. Il n'a, dans ces pays, pas besoin de vêtements pour conserver la chaleur de son corps; l'abri le plus simple lui suffit pour se défendre des ardeurs du soleil ou des intempéries de l'atmosphère; chaque jour les fruits naturels du sol lui fournissent une maigre nourriture, à laquelle il ajoute quelquefois les produits de la chasse ou de la pêche. Dans ces conditions, l'homme reste un sauvage et vit au jour le jour.

Il n'en saurait être de même dans nos pays : l'homme à l'état de nature n'y pourrait subsister; il a besoin de vêtements et d'habitations pour se protéger du froid. Pendant l'hiver, la végétation s'arrête et ne lui fournit plus d'aliments : il doit donc, sous peine de mort, récolter pendant la belle saison un excédent de nourriture, et le conserver pour s'en servir au besoin. Sous ces climats, l'homme s'est plié à la nécessité, sans cependant devenir son esclave, comme l'indigène des régions polaires. Une lutte continuelle contre les éléments ne laisse à celui-ci aucune trève, aucun repos : toute son activité et toute son énergie lui suffisent à peine pour arriver à vivre.

C'est donc le besoin de pourvoir à sa subsistance qui a fait de l'habitant des régions tempérées un homme industrieux et civilisé. Jeté faible et nu sur la surface de la terre, il est devenu par nécessité et par son intelligence le mieux armé et le plus terrible des êtres créés. Il a découvert le feu et a pu, grâce à lui, augmenter le nombre de ses aliments. Avec le feu, il a forgé le fer; il a combattu et relégué loin de lui les animaux qui pouvaient lui nuire. Il s'est associé ceux qu'il jugeait devoir lui être utiles et capables de lui fournir sans peine une proie toujours prête. Après avoir découvert le feu, il a inventé l'agriculture ; par elle, il a possédé la terre ; il a eu une subsistance assurée, non pour un jour ou quelques jours, mais pour des années, pour toujours. Sûr de son existence, l'homme a relevé la tête et s'est alors occupé de la culture de son esprit.

La nature nous avertit du besoin d'aliments par les sensations de la faim et de la soif : celle de la faim annonce la nécessité de fournir à l'organisme des matériaux solides ; celle de la soif commande de lui restituer les liquides qu'il a perdus par évaporation ou autrement.

Nous rapportons instinctivement à l'estomac le siège de la sensation de la faim ; mais elle est, en réalité, l'expression d'un état général. Il en est de même d'ailleurs pour d'autres sensations. Le besoin de dormir se manifeste par une pesanteur particulière des paupières, et cependant il ne viendra à personne l'idée de localiser le sommeil dans les yeux.

A son début, quand elle n'est encore que l'appétit, la faim a quelque chose qui n'est pas désagréable. Mais bientôt elle se modifie et s'exagère : c'est une douleur vague, un état de défaillance accompagné d'un grand mal de tête. Tantôt le malheureux affamé est pris d'un abattement général et absolu, tantôt il est en proie à un délire furieux, qui absorbe toutes ses facultés, éteint tous ses sentiments et ne laisse subsister qu'une seule volonté, celle de satisfaire au besoin irrésistible de manger. Tout est alors à craindre de la part de l'affamé ; car la faim est *mauvaise conseillère.*

Lors du naufrage de la *Méduse,* une partie des cent cinquante naufragés, saisie d'un accès de délire, voulait briser le radeau qui était la seule protection de tous contre une mort imminente : une lutte insensée, un combat à mort s'engagea contre ceux qui voulaient s'opposer à cet acte de folie. En proie à ce délire, l'homme se laisse entraîner quelquefois aux actes les plus monstrueux, au cannibalisme. *Ventre affamé n'a pas d'oreilles*, dit la sagesse des nations. On cite cependant des circonstances où la volonté de l'homme a été plus puissante que la faim. A la suite d'un éboulement, huit mineurs restèrent enfermés pendant cent trente-six heures dans les houillères de Bois-Mesnil : ils se partagèrent une livre de pain, un morceau de fromage et deux verres de vin que l'un d'eux avait dans son sac et qu'il ne voulut pas garder pour lui seul. Deux de ces malheureux qui avaient mangé avant de descendre dans la mine, refusèrent de prendre part à la distribution, disant qu'ils ne devaient pas mourir plus tard que les autres. Ces mineurs restés cinq jours sans autre nourriture ont déclaré qu'ils avaient peu souffert.

Cette absence de douleurs vives a été constatée également pendant la famine qui sévit en Belgique en 1846 et 1847. « Ce qui frappait chez les faméliques, dit M. de Mersman, c'était l'extrême maigreur du corps, la pâleur du visage, les joues creuses et surtout l'expression du regard, dont on ne pouvait perdre le souvenir, quand on l'avait une fois subie. Il y a une étrange fascination dans cet œil, où toute la vitalité de l'individu semble concentrée, qui brille d'un éclat singulier et dont la pupille dilatée se fixe sur vous sans clignotement et avec un étonnement interrogatif. Les mouvements du corps sont lents, les membres chancellent, la main tremble, la voix chevrote, l'intelligence est profondément altérée. Interrogés sur les souffrances qu'ils endurent, ces infortunés répondent qu'*ils ne souffrent pas, mais qu'ils ont faim*. Les enfants, les jeunes gens, les hommes mûrs portent les rides et les caractères de la vieillesse. Ce sont de véritables squelettes ambulants, secoués violemment par une toux sèche, convulsive, et incapables de soulever leurs membres décharnés. » Tel était aussi l'aspect des faméliques de l'Inde en 1877 : les résultats de cette famine furent terribles dans les provinces de Madras et de Bombay; et cependant le gouvernement anglais y fit faire des distributions de vivres pour plus de 150 millions de francs.

L'histoire a conservé le souvenir de nombreuses et épouvantables famines qui ont désolé nos pays dans les siècles passés : aujourd'hui, grâce à la facilité des communications et au développement du commerce, les denrées alimentaires peuvent être introduites rapidement dans les contrées affectées par de mauvaises récoltes. Les progrès de l'agriculture ont amené un accroissement dans la puissance productrice de la terre et, par suite, dans le nombre d'habitants qu'elle peut nourrir. Les grandes famines sont donc moins à redouter : quant aux disettes locales, elles peuvent être adoucies par les efforts de la charité publique et de la fraternité humaine.

La sensation de la soif est plus violente dans ses manifestations que celle de la faim ; si légère qu'elle soit, elle n'a jamais rien d'agréable. Si la faim semble d'abord localisée dans l'estomac, les premiers indices de la soif se font sentir dans l'arrière-bouche. On calme momentanément les atteintes de la faim en introduisant dans l'estomac des substances solides incapables de servir d'aliments ; de même aussi peut-on apaiser un instant la soif en humectant le fond de la bouche, ou même simplement en le touchant avec un corps froid. Mais à côté de cette sensation locale il y a dans la soif un besoin général encore plus impérieux que celui de la faim, et que l'absorption d'une certaine quantité d'eau peut seule calmer. Il y a beaucoup d'aliments solides, mais il n'est qu'une seule boisson : c'est l'eau.

Si la soif n'est rapidement satisfaite, les accidents qui se produisent sont bien plus rapides et bien plus terribles que les effets mêmes de la faim. On voit rapidement se succéder une sensation d'étranglement à la gorge, l'empâtement de la bouche, une fièvre violente accompagnée de délire et d'illusions relatives à la satisfaction de la soif ; enfin la mort

survient dans un délai relativement court, trois ou quatre
jours au plus. Le supplice de la soif est le plus barbare et le
plus horrible que les hommes aient imaginé contre leurs
semblables.

2° L'appareil digestif.

Rien n'est plus simple que la façon dont se nourrissent certains animaux inférieurs, les hydres d'eau douce, les anémones

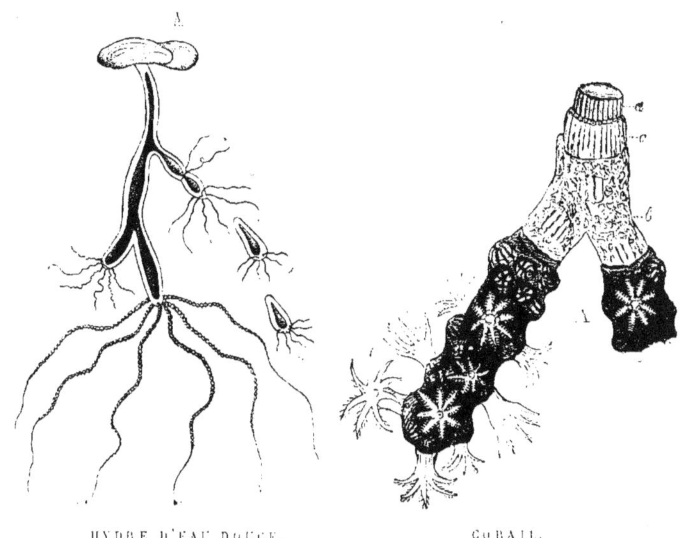

HYDRE D'EAU DOUCE.   CORAIL.

de mer ou actinies, les coraux, etc. Leur corps est une simple
poche, avec une seule ouverture entourée de bras ou *tentacules*:
ceux-ci saisissent la proie et l'amènent dans le sac; elle s'y digère et, au bout de quelque temps, le résidu est expulsé par
l'orifice qui a servi à introduire l'aliment.

Chez l'homme et les animaux supérieurs, les choses ne se
passent pas d'une façon aussi sommaire. La poche digestive
prend une forme allongée qui lui a valu le nom de tube digestif et communique avec l'extérieur par deux ouvertures si-

tuées à ses extrémités. On y trouve une première cavité, la *bouche*, puis un tube ou *œsophage*, qui conduit de la bouche à une seconde cavité, l'*estomac*, enfin un long tube ou *intestin*, qui part de l'estomac et se replie sur lui-même de manière à tenir moins de place. La membrane qui garnit l'intérieur du tube digestif est la continuation de la peau : elle présente cependant plus de délicatesse dans sa structure et prend le nom de *membrane muqueuse*.

Le tube digestif ne représente qu'une partie de l'appareil digestif : c'est le laboratoire dans lequel la nature traite les aliments absolument comme le chimiste analyse, au moyen de réactifs, les substances soumises à son examen. Pour nourrir l'organisme, il faut que l'aliment arrive à faire partie du sang ; il doit donc devenir liquide, c'est-à-dire se dissoudre. Or les aliments solubles dans l'eau sont presque une exception : le pain, la fécule, la viande, la graisse ne s'y dissolvent aucunement. La nature a donc pris le soin de fabriquer un certain nombre de liquides capables d'opérer cette dissolution et de les verser dans le tube digestif au contact des aliments. Ce sont la salive, le suc gastrique, le suc pancréatique, la bile : les organes où ils se forment, les *glandes salivaires*, les *follicules gastriques*, le *pancréas*, le *foie*, sont donc des annexes indispensables du tube digestif : chacun d'eux fournit un des réactifs nécessaires à la dissolution des aliments. Pour que celle-ci se fasse avec rapidité, la masse alimentaire doit être réduite en petits fragments. Tout le monde sait que le sucre en poudre fond plus vite dans l'eau que le sucre en pain et surtout que le sucre candi : aussi, avant d'être soumis à l'action des liquides digestifs, les aliments sont broyés et triturés par les dents. Mieux elles font leur besogne, plus la dissolution des aliments est ensuite facile : celui qui économise le travail des dents en avalant les morceaux sans les mâcher, le fait aux dépens de son estomac, qui a plus de peine à digérer et risque de devenir malade.

En résumé, la digestion a pour objet de séparer la partie
nutritive des aliments de celle qui, ne possédant pas cette
propriété, est rejetée au dehors; elle doit, en outre, transformer la partie réellement alimentaire en un liquide propre à
se mêler au sang. Examinons rapidement le rôle des divers
organes qui contribuent à ces résultats.

La bouche A est une cavité formée par les lèvres, les joues,
la langue C, le palais : au fond, le voile du palais B la sépare

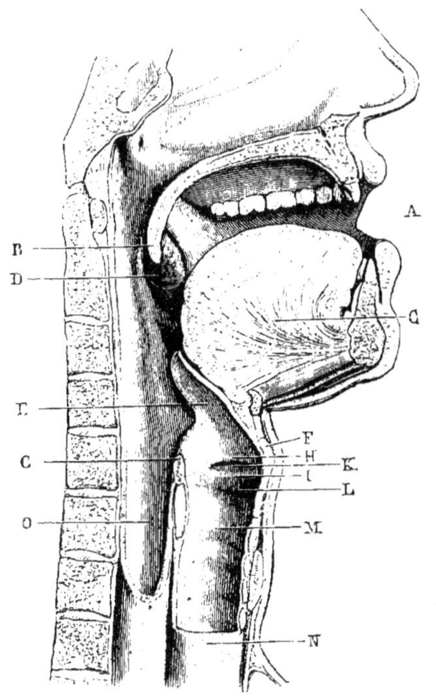

LA BOUCHE, LE PHARYNX ET L'ŒSOPHAGE.

du gosier ou *pharynx*, partie supérieure de l'œsophage O. Dans
la langue viennent aboutir les filets nerveux par lesquels nous
percevons la sensation des saveurs. Le sens du goût et aussi

celui de l'odorat sont donc placés comme des sentinelles avancées à l'entrée des voies digestives : ils sont là pour nous avertir de la qualité des aliments. Les animaux, sous ce rapport, sont bien mieux doués que nous et savent reconnaître les substances dangereuses : l'homme s'y laisse souvent tromper.

Les lèvres servent à saisir et à retenir les aliments : ceux qui sont liquides ne séjournent pas dans la bouche et sont immédiatement avalés ; les aliments solides y restent un certain temps, soumis à l'action de la salive et à celle des dents.

La salive est fournie par six glandes ; deux sont placées sous la langue, deux autres latéralement, à la face interne de la mâchoire inférieure, et les deux dernières, *glandes parotides*, plus volumineuses, de chaque côté de la tête, près de l'oreille. Dès que l'aliment est introduit dans la bouche, chacune d'elles, au moyen d'un petit canal, l'arrose de salive. Cet effet se produit encore par le seul désir de l'aliment ; un cheval, mis en présence d'un sac d'avoine qu'il ne peut atteindre, a la bouche pleine d'écume : l'expression *mettre l'eau à la bouche* est aussi vraie pour l'homme que pour les animaux. La salive délaye les aliments et les rend plus faciles à avaler ; mais elle agit, en outre, sur les matières féculentes qu'elle dissout et transforme en sucre (voyez p. 83 et 154). Chacun a pu se convaincre qu'un morceau de mie de pain tenu longtemps dans la bouche finit par prendre un goût sucré.

Les dents sont des corps durs implantés dans les os des deux mâchoires : la portion contenue dans l'alvéole osseuse est la *racine*, celle qui fait saillie au dehors est la *couronne*. La mâchoire supérieure est fixe, et comme celle du bas est mobile, les objets placés entre elles peuvent être coupés ou broyés par les dents. L'homme adulte possède trente-deux dents, que l'on distingue d'après les formes de la couronne et de la racine en *incisives, canines* et *molaires*. Les incisives (1, 2) ont une racine unique, pointue, peu développée et une couronne tranchante : elles sont placées en avant et au nombre de quatre à chaque

mâchoire ; celles du haut sont un peu plus avancées que celles
du bas, de sorte que, dans le rapprochement des mâchoires,
les deux rangs d'incisives fonctionnent comme des lames de
ciseaux. Les incisives servent donc à couper et à diviser les
aliments. Les canines (3) sont placées de chaque côté des incisives : leur racine est unique, mais très longue ; leur cou-

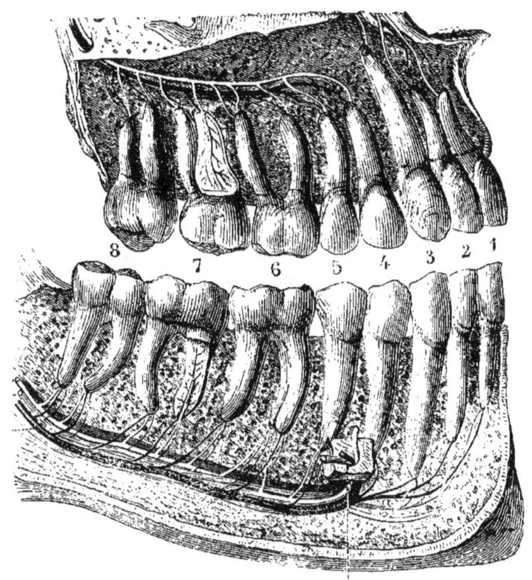

DENTITION DE L'HOMME.

ronne pointue ressemble à la dent aiguë du chien et des carnassiers. Les molaires (4, 5, 6, 7, 8) ont la couronne tuber-
culeuse et propre à broyer comme la meule du moulin : elles
se distinguent en petites molaires (4, 5) dont la racine est
simple, et en grosses molaires (6, 7, 8) à racines multiples et
à couronne très volumineuse.

Nous n'insisterons pas ici sur le mode de développement des
dents : nous dirons seulement qu'il ressemble beaucoup à celui
des cheveux ; chaque dent commence par un germe ou bulbe,
se développe peu à peu dans un petit sac membraneux et n'ap-

paraît au dehors que plus tard. L'enfant qui vient de naître n'a, en général, pas de dents apparentes : elles ne commencent ordinairement à sortir qu'à la fin de la première année. Les mères ont à cet égard une étrange illusion : elles ne se doutent pas que la sortie précoce des dents est le plus souvent un signe de faiblesse de l'enfant. Celui qui est largement pourvu de lait n'a pas besoin de dents ; mais si l'enfant est mal nourri, chétif, la nature prévoyante s'empresse de lui fournir les moyens

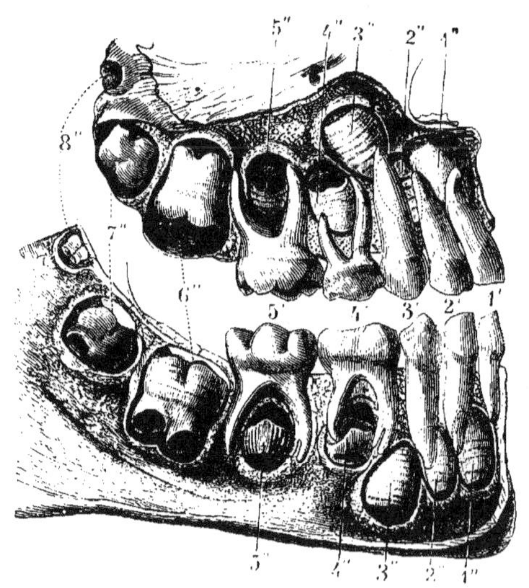

PREMIÈRE DENTITION DE L'HOMME.

de manger des aliments solides : elle lui donne des dents à six mois ou même à trois mois. La dentition de l'enfant est complète vers l'âge de trois ou quatre ans. Elle comprend alors vingt dents : huit incisives, quatre canines, huit molaires ; mais les germes des dents de la seconde dentition (1″, 2″, 3″, 4″, 5″, 6″, 7″, 8″) existent déjà à côté des dents de lait (1′, 2′, 3′, 4′, 5′). Les premières grosses molaires (6″) sortent vers six ans, avant la chute des dents de lait, et existent pendant quelque temps avec elles : ce qui fait alors 24 dents. De sept à douze ans, les premières

dents tombent, poussées par les secondes qui se développent en
arrière. La seconde grosse molaire se montre de douze à quatorze ans, la troisième de vingt à trente, et quelquefois même
plus tard; on la nomme communément *dent de sagesse.*

Quelle que soit leur forme, les dents sont composées de
deux substances : une enveloppe extérieure mince, dure et
brillante, à laquelle on donne le nom d'*émail*, et une masse
fondamentale, ou *ivoire*. Celle-ci est creusée d'une cavité contenant une petite masse charnue ou *pulpe;* des nerfs et des
vaisseaux sanguins y pénètrent et apportent à la dent la vie et
les matériaux nécessaires à son développement. L'émail est
pierreux ; l'ivoire et la pulpe dentaire sont vivants et organisés :
aussi quand l'émail est usé, et que l'ivoire et surtout la pulpe
sont mis à nu, de vives douleurs se font sentir.

Il faut donc éviter avec soin tout ce qui peut amincir et
user l'émail, comme l'action de la lime, celle des liquides
acides, ou bien l'emploi des poudres dures pour nettoyer les
dents. Le charbon de bois pulvérisé, l'eau légèrement alcoolisée
sont les meilleurs dentifrices.

Les aliments broyés par les dents et imprégnés de salive
sont avalés et arrivent dans le pharynx, partie supérieure de
l'œsophage (voy. la figure, p. 13). Cette cavité nommé vulgairement gosier, communique en avant avec la bouche, en
haut avec les cavités du nez par lesquelles entre l'air nécessaire à la respiration, en bas avec l'œsophage O, destiné à recevoir les aliments, et avec le *larynx* HKIL et la *trachée-artère*
MN, par où l'air peut pénétrer dans les poumons. Le pharyn
est donc une sorte de carrefour dans lequel se croisent le
aliments allant de la bouche à l'œsophage, et l'air qui passe
du nez vers les poumons. Au moment où l'on avale, le voile
du palais B, placé au fond de la bouche, se soulève, prend la
position horizontale et bouche l'entrée des fosses nasales : en
même temps, une petite languette, l'*épiglotte* E, s'abaisse et
bouche la trachée-artère ; les deux conduits aériens sont

fermés et l'aliment prend la seule voie qui reste libre, l'œsophage. Ce mécanisme est dérangé, si l'on veut rire ou parler en mangeant : les aliments pénètrent dans le nez ou dans la trachée-artère, et le coupable se met à éternuer ou à tousser.

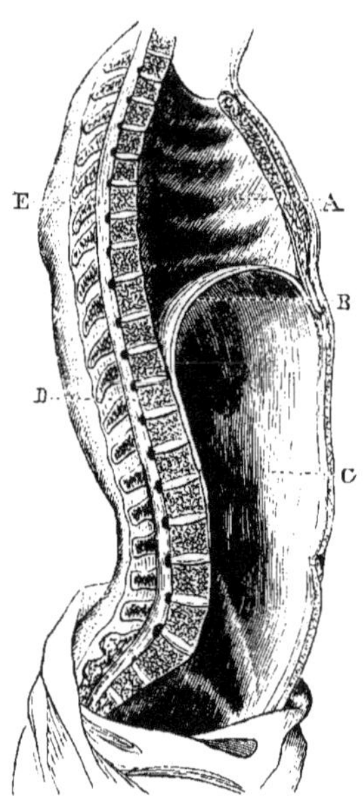

CAVITÉ THORACIQUE ET CAVITÉ ABDOMINALE.

La bouche, les dents, les glandes salivaires font partie de la tête ; le reste de l'appareil digestif est placé dans la région du corps que l'on nomme le *tronc*. Soutenu en arrière par la colonne vertébrale, le tronc constitue deux cavités, A, C, séparées l'une de l'autre par une membrane musculaire en forme de voûte, le *diaphragme* B. La partie supérieure A, appelée *thorax* ou *cavité thoracique*, vulgairement la poitrine, est une cage osseuse dont les barreaux sont les *côtes*. Elle renferme les poumons, organes de la respiration, et le cœur, dont la fonction est de faire circuler le sang dans toutes les parties du corps.

La cavité inférieure C, désignée sous les noms *d'abdomen*, *cavité abdominale*, ventre, est moins bien protégée que le thorax : elle est recouverte à l'extérieur par la peau seulement, et tapissée intérieurement par la membrane du *péritoine*. C'est là que sont logés les organes principaux de la digestion : en haut, sous le diaphragme, se trouvent l'estomac et le pancréas à gauche, le foie à droite ; au-dessous est la masse des intestins, repliés sur eux-mêmes et retenus par la membrane du *mésentère*, à laquelle ils sont attachés.

L'œsophage établit la communication entre la bouche et l'estomac : c'est un tube musculeux, aplati sur lui-même.

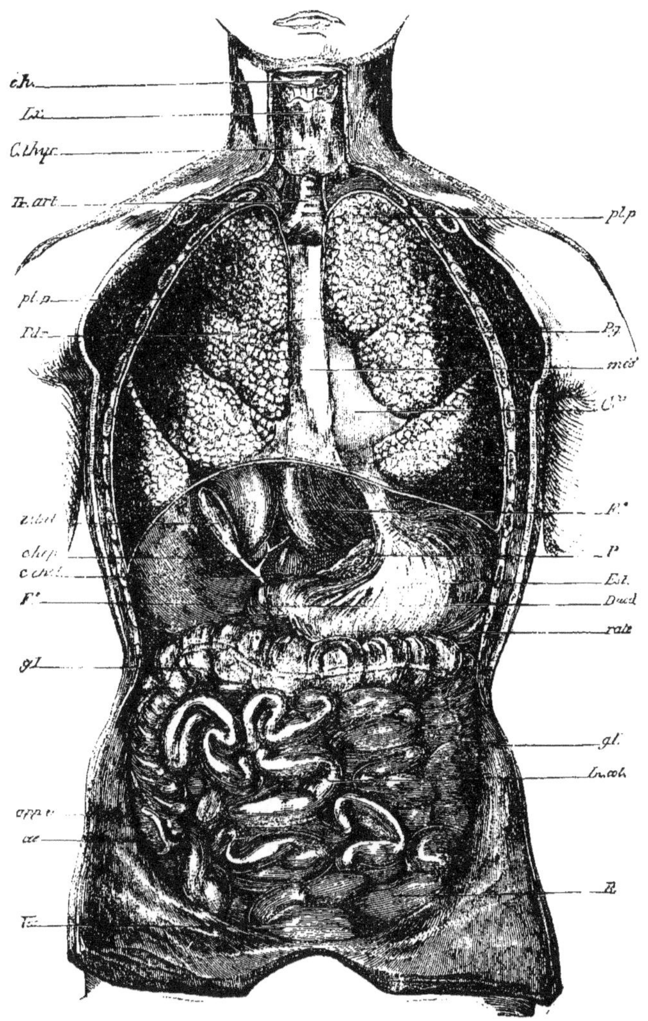

LES VISCÈRES DES CAVITÉS THORACIQUE ET ABDOMINALE.

oh, os hyoïde. — Lx, larynx. — C. thyr., corps thyroïde. — Tr. art., trachée-artère. — Pl. p., plèvres pulmonaires. — Pd., poumon droit. — Pg., poumon gauche. — Méd., médiastin. — Cr, cœur. — F², foie. — C. hép., canal hépatique. — V. bil., vésicule biliaire. — C. chol., canal cholédoque. — P, pancréas. — Duod., duodénum. — Est., estomac. — gI, gros intestin. — In. col., colon. — cæ, cæcum. — app. v., appendice du cæcum. — R., rectum. — Ves., vessie.

longe la colonne vertébrale, traverse toute la cavité thoracique, le diaphragme et vient déboucher dans l'estomac par une ouverture, appelée *cardia*. L'aliment y progresse par suite des contractions des parois, qui se resserrent derrière lui, à mesure qu'il avance ; cet effet est d'ailleurs indépendant de notre volonté, car l'aliment, une fois qu'il a été avalé, suit fatalement sa route à travers les organes digestifs.

L'estomac est un réservoir membraneux dans lequel s'accumulent les aliments qui arrivent par l'œsophage : ils y séjournent un temps plus ou moins long, suivant leur degré de digestibilité, et passent ensuite dans l'intestin par une seconde ouverture, nommée *pylore*. Dans l'épaisseur des parois de l'estomac sont de petites glandes, qui versent dans son intérieur un liquide acide, le *suc gastrique*. Son action sur les aliments a été étudiée par de nombreux savants, au nombre desquels on peut citer l'Italien Spallanzani et M. Blondlot, de Nancy ; le docteur Beaumont a fait aussi de curieuses observations sur un Canadien, dont l'estomac avait été ouvert par une blessure d'arme à feu ; la plaie s'était cicatrisée, mais en restant béante, de sorte que l'on pouvait voir ce qui se passait dans l'estomac de cet individu. On sait donc aujourd'hui que trois effets se produisent dans l'estomac : les aliments y sont promenés d'une extrémité à l'autre de l'organe par les contractions de ses parois et pétris en quelque sorte avec le suc gastrique qui les arrose ; sous l'action de ce liquide, la viande, le gluten du pain, et, en général, les aliments albuminoïdes ou azotés, passent à l'état de substances solubles et deviennent liquides ; enfin l'eau, les boissons et une partie des matières alimentaires dissoutes par la salive et le suc gastrique, sont absorbées dans l'estomac ; elles pénètrent dans les veines de cet organe et, sans avoir besoin d'entrer dans l'intestin, se mêlent à la masse du sang. La bouillie solide qui reste franchit le pylore et arrive dans le tube intestinal.

Ce long tube, qui a chez l'homme sept ou huit fois la longueur du corps, se divise en deux parties bien distinctes, l'intestin grêle et le gros intestin (voy. la figure, p. 19) ; ce dernier
comprend lui-même trois parties : le *cæcum*, le *colon* et le *rectum*. Quant à l'intestin grêle, sa partie la plus importante est
celle qui fait suite à l'estomac et porte le nom de *duodénum* :
c'est là que s'achève la dissolution des matières alimentaires
sous l'action du suc pancréatique et de la bile.

Le suc pancréatique est fourni par le pancréas, glande
analogue aux glandes salivaires et située transversalement
derrière l'estomac : c'est un liquide incolore, visqueux et alca-
lin. La bile vient du foie ; tout le monde connaît la couleur
rouge-brun de ce viscère volumineux dont le poids, chez
l'homme, est d'environ 1 kilogramme et demi. Il s'y fabrique
constamment un liquide visqueux, odorant, verdâtre ; c'est la
bile. Elle s'accumule dans une poche, nommée *vésicule biliaire, vésicule du fiel, amer*, et, au moment de la digestion,
se déverse par le canal cholédoque dans le duodénum ; elle y
tombe en un point très voisin de celui où vient aboutir le
canal du pancréas.

On doit au grand physiologiste Claude Bernard d'importantes découvertes sur les fonctions du foie, de la bile et du
suc pancréatique ; c'est lui qui a fait connaître le rôle que ces
deux derniers liquides jouent dans la digestion. La bile jouit
de la propriété de dissoudre une petite quantité de matière
grasse ; les dégraisseurs le savent depuis longtemps et emploient la bile de bœuf pour détacher les étoffes. Elle agit certainement d'une façon analogue pendant la digestion ; mais elle
contribue surtout par son contact avec l'intestin à favoriser
l'absorption des matières grasses à travers les parois de la
membrane intestinale.

Les effets du suc pancréatique sont beaucoup plus importants :
il complète d'abord l'action de la salive et celle du suc gastrique en achevant la dissolution des matières féculentes et

de la viande ; il agit, en second lieu, d'une manière toute spéciale sur les matières grasses. Celles-ci, complètement insolubles dans l'eau, s'en séparent d'elles-mêmes et nagent à sa surface ; mises au contact du suc pancréatique, elles se divisent en gouttelettes extrêmement ténues, en globules imperceptibles, et passent à un état analogue à celui où le beurre existe dans le lait. Ainsi divisées, les matières grasses peuvent rester mélangées à l'eau ; elles forment alors un liquide blanc, opaque, que l'on désigne sous le nom d'*émulsion*. C'est à cet état que se trouve la matière grasse de l'œuf dans le lait de poule, ou bien l'huile d'amandes douces dans le lait d'amandes et dans un looch. En résumé, le suc pancréatique a la propriété d'*émulsionner* les matières grasses.

Les modifications que doivent subir les aliments sont alors complètes ; l'organisme n'a plus qu'à achever l'absorption de la matière nutritive déjà commencée dans l'estomac. La membrane interne de l'intestin possède, sous ce rapport, une admirable structure ; elle présente de nombreux replis, qui multiplient sa surface et par suite sa puissance absorbante. De plus, on y voit une foule de petites saillies, dites *villosités*, ayant un demi-millimètre de long et semblables aux filaments du velours. Dans chacune d'elles se trouvent un réseau de vaisseaux sanguins et, au centre, un vaisseau d'une nature particulière, nommé *vaisseau chylifère*. C'est par ce dernier que peuvent pénétrer les matières grasses ; quant aux autres principes nutritifs, ils s'absorbent par les vaisseaux sanguins ou par les chylifères. Cette absorption ne se fait pas par de petites ouvertures, mais bien à travers les parois des villosités, dont l'épaisseur ne dépasse guère un dixième de millimètre.

La masse alimentaire ne reste pas immobile dans l'intestin ; elle avance assez vite, surtout dans l'intestin grêle, par suite des contractions de ses parois, et progresse constamment en même temps qu'elle diminue par l'absorption. Trois heures environ après sa sortie de l'estomac, le résidu atteint le cæcum, première portion du gros intestin ; dès qu'il y a pénétré, tout retour en arrière est rendu impossible par l'existence d'une valvule ou petite porte qui ferme l'ouverture de l'intestin grêle. Les anciens anatomistes lui avaient donné le nom de *barrière des apothicaires*, dont certaines scènes des comédies de Molière expliquent le sens.

On peut résumer en quelques mots le rôle des différentes parties de l'appareil digestif et les changements que les aliments y subissent.

Les dents divisent les aliments solides et facilitent ainsi l'action dissolvante des liquides digestifs.

Les substances féculentes sont transformées en sucre par la salive et par le suc pancréatique ; la viande et, en général, les aliments albuminoïdes sont dissous dans l'estomac par le suc gastrique, et dans l'intestin par le suc pancréatique ; enfin, ce dernier liquide possède la propriété spéciale d'émulsionner les matières grasses.

Transformés ou non, les aliments contenus dans le tube digestif sont encore étrangers à l'organisme. Ils ne commencent à remplir leur rôle de matières nutritives qu'au moment où ils pénètrent par l'absorption dans la masse du sang. Celle des boissons, des matières solubles et des produits dissous par la salive et le suc gastrique, se fait en grande partie dans l'estomac ; elle s'achève dans l'intestin grêle à travers les parois des villosités. Les matières grasses sont absorbées par les vaisseaux chylifères, sans avoir changé de nature, mais à l'état d'émulsion, c'est-à-dire d'extrême division.

CHAPITRE II

1° A quoi servent les aliments.

Chez l'enfant, chez le jeune homme, le but de l'alimentation
est visible. La taille s'accroît, le poids du corps augmente; les
aliments fournissent la matière nécessaire à ce développement
général. Mais ce n'est là qu'une faible partie de leur rôle,
car, chez l'homme adulte, l'accroissement de taille est absolument nul et l'augmentation de poids, quand il y en a une,
ne porte que sur la graisse. A tout âge, les aliments servent
à renouveler les éléments constitutifs de nos organes, et à les
maintenir ainsi dans une perpétuelle jeunesse. Sous la con-
stance apparente de la forme et du poids, se cache le tourbillon
vital : vivre, c'est se détruire et se réparer pour se détruire et
se réparer encore.

L'homme en bonne santé, qui a atteint toute sa croissance,
revient chaque jour au point où il était la veille; il faut donc
qu'il dépense et perde, d'une façon ou d'une autre, une somme
de matière égale à celle qui, pendant le même temps, pénètre
dans le sang par l'acte de la digestion. Pour se rendre
compte de ces pertes, un médecin du dix-septième siècle,
Sanctorius, passa une partie de sa vie sur le plateau d'une
balance; il y prenait ses repas, il s'y livrait au sommeil, à la
lecture, etc. ; il cherchait de cette façon à constater les change-

ments de poids de son corps, pendant l'exercice de ses différentes fonctions. Celui qui voudrait aujourd'hui répéter l'expérience de Sanctorius, aurait à sa disposition des appareils plus
sensibles et plus commodes que ceux employés par ce savant.
Il lui serait facile de reconnaître que le plateau de la balance
où il se placerait, s'élève peu à peu et d'une façon persistante :
le corps éprouve donc, dans l'intervalle des repas, une dimi-
nution de poids continuelle. Elle est due à la respiration et
à la transpiration insensible qui se produit sur toute la
surface du corps.

Lorsqu'un grand nombre de personnes sont réunies dans
une chambre, l'atmosphère devient bientôt extrêmement
humide : l'eau se dépose et ruisselle à la surface des vitres ou
des corps froids apportés de l'extérieur. Cette humidité provient de la vapeur d'eau qui se dégage du corps de chaque
personne, et de celle qui est contenue dans l'air sortant des
poumons. Chacun de nous perd donc sans cesse de l'eau par
évaporation; c'est ce qui rend la sensation de la soif si
impérieuse et si pénible.

La température du corps humain se maintient toujours au
même degré, quelles que soient les circonstances extérieures.
Un thermomètre, placé dans la bouche ou sous l'aisselle,
marque de 37 à 38 degrés en hiver comme en été. Pour le
maintenir à ce niveau, il faut que nous ayons en nous un véritable foyer brûlant sans cesse et dégageant constamment de la
chaleur. C'est ce que Lavoisier expliqua le premier, en 1789,
de la manière suivante : « La respiration, disait-il, n'est qu'une
combustion lente, semblable en tout à ce qui s'opère dans une
lampe ou dans une bougie allumée : sous ce point de vue, les
animaux qui respirent sont de véritables corps combustibles,
qui brûlent en se consumant. L'air fournit à la respiration,
comme à la combustion, l'un de ses éléments : mais dans la
respiration, c'est la substance même de l'animal, c'est le sang
qui fournit le combustible. Si les animaux ne réparaient pas

par les aliments ce qu'ils perdent par la respiration, l'huile manquerait bientôt à la lampe, et l'animal périrait, comme une lampe s'éteint lorsqu'elle manque de nourriture. » C'est pourquoi le besoin de réparation est plus énergique, la consommation d'aliments plus grande, en hiver que pendant la saison chaude, dans les régions polaires que dans les pays tropicaux. Une température basse excite l'appétit; une température élevée le rend languissant. Quand la température est très basse, l'homme doit lutter par la quantité des aliments contre le froid extérieur. Dans le fatal hiver de 1812, les soldats français, exposés à une température de 35 degrés au-dessous de zéro, privés d'abri, de vêtements suffisants et surtout d'aliments, tombèrent en foule dans les plaines glacées de la Russie.

La respiration est non seulement la source de la chaleur animale, mais elle est encore l'origine de la force que l'homme déploie dans les actes de sa vie extérieure. Chaque fois qu'on se livre à un exercice violent, la respiration devient plus active et s'accélère. Le forgeron qui bat le fer, le manœuvre qui déplace de lourds fardeaux, l'homme qui monte un escalier et soulève ainsi son propre poids, celui qui simplement se promène, tous travaillent de leurs membres et dépensent de leur substance. L'observateur placé, comme Sanctorius, sur le plateau d'une balance, verrait son poids diminuer bien plus vite, quand il s'agite ou quand il travaille, que quand il reste immobile. Tout travail exige une dépense de matière et une consommation correspondante d'aliments.

Notre organisation, sous ce rapport, ressemble tout à fait à une machine à vapeur, à une locomotive, qui mange et brûle du charbon en produisant de la force. La chaleur du foyer transforme l'eau en vapeur et celle-ci fait marcher la machine ; mais l'eau n'est qu'un intermédiaire, car il serait facile de la retrouver en recueillant la vapeur. La véritable source de force, c'est le combustible qui sert à chauffer la machine :

aussi en dévore-t-elle une quantité d'autant plus grande qu'on exige d'elle plus de travail. En revanche, elle ne dépense pas de charbon lorsqu'elle reste dans les magasins d'une gare, immobile et sans faire aucun travail. En est-il de même pour l'homme? celui qui ne travaille pas peut-il se passer de manger? Le proverbe *qui dort dîne* est-il l'expression absolue d'une vérité scientifique? En réalité, l'homme inactif consomme moins d'aliments que celui qui travaille; mais il lui en faut cependant pour maintenir sa température au degré normal. La nature a voulu que ses organes fussent toujours prêts à fonctionner; il doit donc avoir en lui une réserve de chaleur capable de fournir au moment voulu le travail nécessaire. L'homme en repos (en admettant que ce repos puisse être complet) est dans la situation d'une locomotive qui reste en place, mais qui est constamment prête à partir. La vapeur doit y être en pression, et l'eau de la chaudière à la température convenable; il faut donc que le foyer soit allumé et brûle sans interruption.

2° L'aliment parfait.

Un aliment parfait est celui qui peut à lui seul réparer toutes les pertes éprouvées par l'organisme, entretenir la chaleur du corps, développer les forces et fournir les matériaux nécessaires au renouvellement des organes. Il est bien probable qu'une seule substance n'aura jamais toutes ces vertus : aussi l'analyse d'un aliment parfait, c'est-à-dire la recherche des différents principes qui y sont contenus nous sera-t-elle fort utile; elle nous permettra de découvrir ce qui est indispensable à l'entretien de la machine humaine. Cet aliment parfait, la nature s'est chargée de le fabriquer pour nourrir le jeune enfant. Le lait lui suffit, non seulement pour vivre, mais pour grandir et se développer rapidement. Jamais, en effet, l'accroissement de poids de l'homme n'est propor-

tionnellement aussi grand que pendant la première année de
sa vie, c'est-à-dire pendant qu'il se nourrit de lait : l'expérience a montré d'ailleurs que les personnes adultes se trouvent
fort bien de ce régime. Voyons donc ce que le lait renferme.

Un litre de lait pur pèse de 1030 à 1035 grammes, tandis
qu'un litre d'eau pèse seulement 1000 grammes : il contient
donc de l'eau et des matières solides dissoutes. En le chauffant
doucement, on peut chasser l'eau par évaporation et voir ce
qui reste : on trouve ainsi que 1000 grammes de lait de femme
sont formés de 890 grammes d'eau et de 110 grammes de

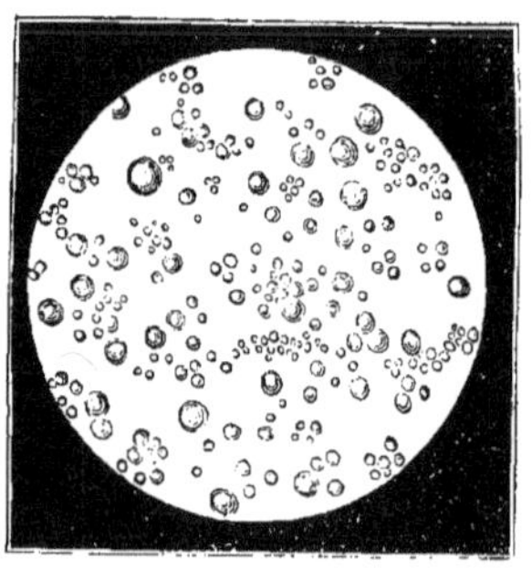

parties solides. Le lait de vache est plus riche : il contient 860
grammes d'eau et 140 grammes de principes solides ; quand
on en donne à un nouveau-né et que l'on est sûr de sa pureté,
il est donc bon d'y ajouter environ un cinquième d'eau.

Le lait doit sa couleur blanche et son opacité à des globules
graisseux infiniment petits qui nagent en grand nombre dans
le liquide : plus légers que lui, ils montent peu à peu à la
surface. Aussi le lait, abandonné à lui-même dans un endroit
frais, se sépare-t-il en deux couches d'inégale épaisseur. Celle
du haut, la crème, contient presque toute la matière grasse ;
pour la réunir en une masse solide, il suffit de séparer la
couche de crème et de la battre, on obtient ainsi le *beurre*.

Examinons maintenant la couche inférieure, le lait écrémé ;
faisons-le bouillir et ajoutons-y quelques gouttes de vinaigre.
Immédiatement il *tourne*; de gros caillots se forment, et le
liquide restant devient transparent, avec une légère teinte
jaunâtre : c'est le *petit-lait*. Quant à la masse caillée, on lui
donne en chimie le nom de *caséum* ou de *caséine*; c'est elle qui
constitue tous les fromages. Le petit-lait a une saveur douceâtre : évaporé à feu doux, il prend la consistance du sirop et
laisse déposer, en se refroidissant, un corps solide, dur, cristallisé, ayant un goût sucré et que l'on nomme *sucre de lait*.
Enlevons les cristaux du sucre de lait, et chauffons fortement
la partie du sirop restée liquide : les dernières portions d'eau
sont chassées, le sucre qu'elles contenaient se caramélise et
brûle; mais tout ne disparaît pas. Il reste une certaine quantité de cendres, c'est-à-dire de matières terreuses minérales.
Un chimiste y reconnaîtrait les principes qui entrent dans la
constitution des os de notre squelette.

Tout le monde peut faire cette analyse du lait et y découvrir,
comme nous venons de l'expliquer, du beurre, du caséum, de
l'eau, du sucre et des cendres. En opérant avec plus de soins
et en employant des instruments précis, on a déterminé la
proportion de ces divers principes dans les différents laits.
Ceux de vache et de brebis sont les plus gras et les plus riches
en caséum ; ceux d'ânesse et de jument renferment fort peu
de beurre, moitié moins de caséum que les précédents,
mais beaucoup de sucre; ils se rapprochent davantage du
lait de femme. 1000 grammes de ce dernier contiennent
890 grammes d'eau, 14 grammes de caséum, 21 grammes de
beurre, 73 grammes de sucre et 2 grammes de matières minérales. On remarque, en comparant les différents laits, que les
plus sucrés contiennent peu de beurre et que les plus gras
sont les moins sucrés : il semble que le beurre et le sucre
peuvent se remplacer mutuellement et qu'ils jouent, par conséquent, le même rôle dans l'alimentation.

3° Aliments plastiques, aliments combustibles, aliments minéraux.

Celui qui observe la nature est habitué à lui voir faire largement les choses, sans cependant jamais rien faire d'inutile. Si le lait contient tant de principes différents, c'est qu'ils sont tous nécessaires et que chacun d'eux a un rôle spécial. L'eau est évidemment destinée à calmer la soif et à compenser les pertes que le corps éprouve par évaporation. Les matières terreuses minérales sont des matériaux propres à la construction du squelette : aucun doute ne peut exister à cet égard ; car le chimiste y découvre la chaux et le phosphore, qui sont les principes constituants des os. Restent le caséum, d'un côté, le beurre et le sucre de l'autre, puisque ces derniers se remplacent volontiers dans les différents laits.

Le mécanicien qui construit une machine à vapeur, la répare et l'entretient en bon état, n'emploie pas les mêmes matériaux que l'industriel qui s'en sert et la fait travailler. Celui-ci a besoin de combustible, de charbon de terre, de bois ; le constructeur met en œuvre du fer, de l'acier, du cuivre. N'en serait-il pas de même dans la machine humaine ? N'y aurait-il pas deux sortes d'aliments : les uns, matériaux de construction, *aliments plastiques*[1], capables de fournir les éléments nécessaires au développement des organes et à leur entretien ; les autres, *aliments combustibles* ou *respiratoires*, brûlés dans la respiration, dégageant alors de la chaleur et maintenant la température du corps au degré normal ? Quelques notions de chimie nous permettront de résoudre la question.

On trouve dans les végétaux et les animaux une foule de substances diverses, ici de la graisse, de la viande, là du bois, du sucre, de l'huile, etc. Pour fabriquer tant de produits variés, la nature n'a employé que quatre éléments ou corps

---

1. Nom tiré d'un mot grec, qui veut dire former, façonner.

simples : le charbon, l'hydrogène, l'oxygène et l'azote ; elle
s'est bornée à les combiner en nombre et en proportions différentes. Aussi les substances organisées peuvent-elles se diviser
en deux groupes : 1° les substances *hydrogénées-charbonnées*,
qui contiennent seulement du charbon, de l'hydrogène et de
l'oxygène ; 2° les substances *azotées*, qui renferment les quatre
éléments, charbon, hydrogène, oxygène et azote, et diffèrent
des précédentes par la présence de l'azote. Les substances
formées des mêmes éléments peuvent se transformer les unes
dans les autres : les chimistes savent faire du sucre avec la
fécule, ou bien de l'esprit-de-vin avec du sucre, parce que la
fécule, le sucre, l'esprit-de-vin contiennent les mêmes éléments, charbon, hydrogène et oxygène. Mais il est absolument impossible de faire une substance azotée avec des
matériaux qui ne contiennent pas d'azote. C'est une loi fondamentale de la chimie : un corps simple ne peut jamais
se transformer en un autre corps simple. Il faut renoncer à
l'espoir de faire de l'or avec du plomb ; et pour faire une
matière organique azotée, il faut de l'azote.

Si l'on analyse la chair, la peau, tous les tissus qui com-
posent nos organes, on trouve qu'ils contiennent du charbon,
de l'hydrogène, de l'oxygène et de l'azote : un aliment plastique, capable de leur fournir les matériaux nécessaires à leur
développement, doit donc avoir la même compostion. Parmi
les substances contenues dans le lait, une seule est dans ce
cas : c'est le caséum. Les deux autres, le beurre et le sucre,
contiennent seulement du charbon, de l'hydrogène et de
l'oxygène : elles ne renferment pas d'azote ; ce ne sont donc
pas des aliments plastiques, mais seulement des combustibles
Rappelons-nous, en effet, que l'on emploie constamment des
graisses et des huiles comme matières combustibles.

Sans parler de l'eau et des matières minérales, les substances alimentaires forment donc deux classes :

1° Les aliments *plastiques*, désignés encore sous les noms

d'*aliments azotés*, à cause de leur composition, d'*aliments albuminoïdes*, parce qu'ils sont analogues à l'albumine du blanc d'œuf. Ce sont : la fibrine, matière constitutive des fibres de la viande; l'albumine, qui existe dans le sang, dans la viande, dans le blanc d'œuf; la caséine du lait; le gluten du blé; la légumine des pois et des haricots, etc.

2° Les aliments *combustibles, respiratoires* ou bien encore *hydrogénés charbonnés*, destinés à chauffer la machine humaine. Nous citerons : la fécule de pomme de terre, l'amidon des céréales, le sucre végétal, le sucre de lait, les huiles, les graisses, etc.

Il ne faudrait pas croire que toute matière organisée peut servir d'aliment à un titre ou à un autre : elle doit pouvoir se digérer, être absorbée et pénétrer dans le sang. Le bois, le tissu végétal ou cellulose sont combustibles, mais ils ne sont pas dissous par les sucs digestifs; ils traversent le tube intestinal et sont rejetés sans avoir éprouvé d'altération; ce ne sont pas des aliments. La gélatine, ou colle-forte, dont la composition est la même que celle des matières plastiques, n'est pas alimentaire non plus, parce qu'elle n'est absorbée ni dans l'estomac, ni dans l'intestin. Nombre de matières organisées agissent en outre sur l'organisme comme de violents poisons.

Quelques produits fabriqués, la fécule, le sucre, le saindoux, l'huile, sont des aliments exclusivement respiratoires ; mais, en général, tous les aliments animaux ou végétaux, la viande, le pain, les pommes de terre, les fruits, les légumes sont des matières plus ou moins complexes. Ils contiennent en même temps des principes plastiques ou albuminoïdes et des matières combustibles. Ils sont sous ce rapport analogues au lait, mais ce ne sont pas cependant des aliments parfaits. Le lait contient les deux principes alimentaires mélangés dans une juste proportion : il n'en est pas de même des autres aliments. La viande est riche en matières plastiques et relativement pauvre en substances combustibles : le pain et surtout la pomme de terre contiennent abondamment de la fécule, mais peu de matières albuminoïdes. La proportion relative de ces divers principes est donc fort importante à considérer pour avoir une notion exacte de la valeur nutritive d'un aliment. Le tableau suivant contient des renseignements précieux à cet égard et donne le nombre de grammes de chaque principe nutritif contenus dans 1000 grammes des principaux aliments.

VALEUR NUTRITIVE DES PRINCIPAUX ALIMENTS.

NATURE DES ALIMENTS. POIDS 1000 GRAMMES.	MATIÈRES ALBUMINOÏDES PLASTIQUES.	MATIÈRES COMBUSTIBLES.	
		GRAISSE.	FÉCULE ET SUCRE.
	grammes.	grammes.	grammes.
Viande de bœuf......	175	29	»
Viande de mouton ..	220	27,5	»
Lait de vache	54	43	40
Fromage........,...	335	243	»
Viande de poulet....	196	11	»
Jaune d'œuf.........	103	291	»
Blanc d'œuf.........	117	»	»
Poisson (saumon)....	153	48	»
—	—	—	—
Lentilles............	265	24	550
Pois.......	223	20	525
Blé...............	135	18,5	684
Farine de blé	127	12	723
Pain de blé.........	90	18,5	470
Seigle	107,5	21	668
Avoine.............	90	40	618
Orge	123	26	582
Maïs...............	79	48	680
Sarrasin............	78	1	507
Châtaignes..........	45	9	
Pommes de terre ...	13	1,5	173

Au moyen de ce tableau, il est facile de calculer le poids des divers aliments qui peuvent se remplacer, soit comme matières plastiques, soit comme combustibles. Ainsi, un kilogramme de viande de bœuf contenant 175 grammes de matières albuminoïdes est, sous ce rapport, aussi nourrissant que trois litres de lait, 660 grammes de lentilles, 785 grammes de pois, 1940 grammes de pain, 13450 grammes de pommes de terre. En d'autres termes, pour remplacer un kilogramme de viande, il suffit de trois litres de lait, de 700 grammes de lentilles ou de 800 grammes de pois, tandis qu'il faut environ 2 kilogrammes de pain et 13 kilogrammes et demi de pommes de terre.

La distinction des aliments plastiques et des aliments combustibles n'est pas cependant absolument complète. Jamais la graisse, le sucre, la fécule, qui ne contiennent pas d'azote, ne pourront développer les tissus et jouer le rôle des matières plastiques; mais celles-ci peuvent dans certains cas se brûler et entretenir la chaleur. Quand, par exemple, l'alimentation est insuffisante, le corps dépérit rapidement, parce que le foyer intérieur reste allumé : la respiration continue à fonctionner, et comme le combustible manque, le corps se consume lui-même. C'est alors la graisse qui disparaît la première, elle est plus facile à brûler ; mais quand il n'en reste plus, la chair et les tissus des organes servent à leur tour à alimenter la combustion. Telle est la cause de l'état de maigreur et ensuite de dessèchement général auquel arrivent les malheureux tourmentés par la faim.

4° Régime végétal, régime animal.

Il n'existe pas, au point de vue de la composition, de distinction bien nette entre la nourriture végétale et la nourriture animale. Les matières albuminoïdes azotées tirées de l'un ou de l'autre des deux règnes, ou bien encore les graisses animales et les huiles végétales, sont des combinaisons, sinon identiques, au moins très voisines ; quant aux matières sucrées et féculentes, il est démontré qu'elles peuvent dans l'organisme se transformer en graisse. Qu'il absorbe de la viande ou du pain, l'homme reçoit dans les deux cas ce qui lui est nécessaire. La différence entre la nourriture animale et la nourriture végétale réside dans la digestibilité et dans la proportion relative des matières albuminoïdes et combustibles.

Aussi est-ce une question qui a beaucoup occupé les savants, que celle de savoir quel est le régime naturel, le régime primitif de l'homme. Selon les uns, l'homme s'est nourri primitivement de matières végétales; selon les autres, il a toujours été ce que nous le voyons, herbivore et carnivore, c'est-à-dire *omnivore*.

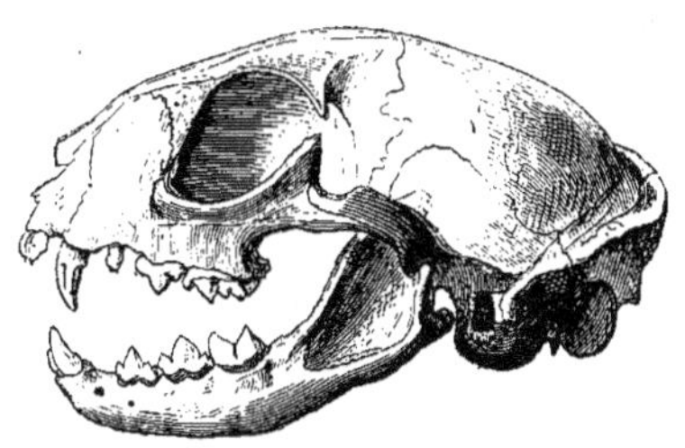

DENTITION D'UN CARNIVORE (LE CHAT).

Il y a toujours une sorte d'harmonie entre les conditions d'existence d'un animal et la conformation de ses organes; car, sans cela, ses fonctions ne pourraient s'exercer normalement. « Si, dit Cuvier, les intestins d'un animal sont organisés pour ne digérer que de la chair, il faut aussi que ses mâchoires soient construites pour dévorer sa proie; ses dents pour la couper; le système entier de ses organes pour la poursuivre et l'atteindre; ses griffes pour la saisir et la déchirer. » L'animal carnivore a les dents molaires tranchantes, un estomac simple et des intestins courts. Le lion, par exemple, a toutes ses molaires tranchantes, son estomac étroit et petit (l'estomac du lion est presque un canal) et des intestins si courts qu'ils n'on que trois fois la longueur du corps. L'homme n'a point ses dents molaires tranchantes : son estomac est simple, mais large, et ses intestins sont sept à huit fois plus longs que son corps.

Dans tous les animaux, la forme des dents molaires donne le régime. Le lion se nourrit exclusivement de proie vivante ; il a toutes les dents tranchantes. Le chien, qui a deux molaires tuberculeuses B, C, c'est-à-dire à pointes mousses, commence à pouvoir mêler quelques végétaux à sa nourriture ; l'ours a toutes les dents tuberculeuses et peut se nourrir entièrement

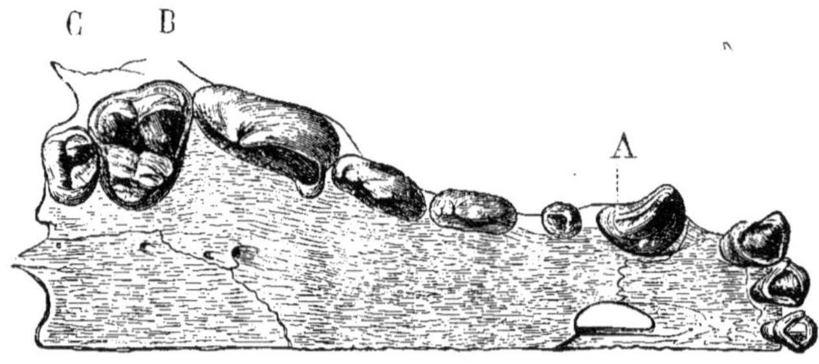

MACHOIRE SUPÉRIEURE DU CHIEN.

de végétaux. Un ours nourri pendant cinq ans avec du pain bis et des carottes en était venu à ne plus vouloir toucher à la viande. L'homme, dont toutes les dents sont tuberculeuses, n'est donc point carnivore.

Il n'est pas non plus essentiellement herbivore. Il n'a point, comme le bœuf ou le cheval, des dents molaires à couronne alternativement creuse et saillante, un estomac composé de quatre estomacs, comme les ruminants, et des intestins presque 50 fois plus longs que son corps. Les intestins du mouton sont 28 fois plus longs que le corps, ceux du buffle 32 fois, ceux du bœuf 48 fois.

Par son estomac, par ses dents, par ses intestins, *l'homme est naturellement et primitivement frugivore, comme les*

singes [1]. Ses dents sont impropres à couper la chair crue,
autant qu'à broyer de l'herbe, des grains de blé, de maïs ou

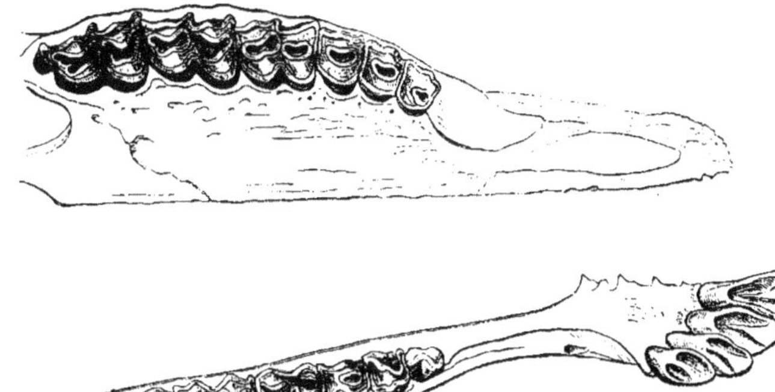

DENTITION D'UN HERBIVORE (LE MOUTON).

de riz : il lui faut une nourriture molle ou à moitié molle.
Le régime frugivore est de tous les régimes le plus défavo-

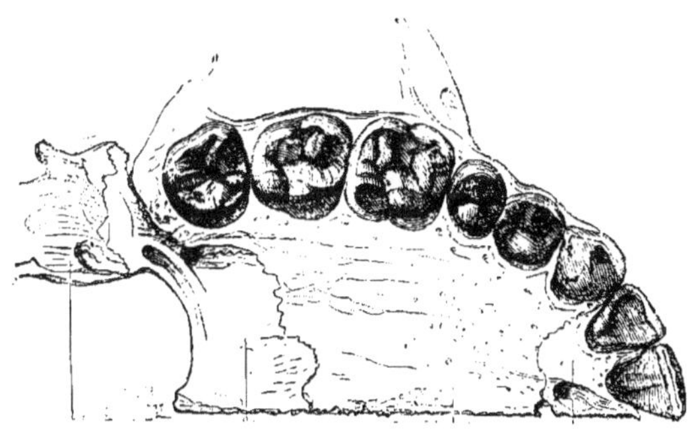

MACHOIRE SUPÉRIEURE DE L'HOMME.

rable : il contraint les animaux qui y sont soumis à ne pas quitter
les pays où ils trouvent constamment des fruits, c'est-à-dire

1. Flourens, *De la longévité humaine.*

les pays chauds. Mais, une fois que l'homme a eu trouvé le
feu, une fois qu'il a su amollir, attendrir et préparer les substances animales et végétales par la cuisson, il a pu se nourrir
de tous les êtres vivants et réunir ensemble tous les régimes.
L'homme à l'état de nature est donc frugivore ; mais il a, en
outre, un régime artificiel dû à son intelligence, et, par celui-là,
il est omnivore. C'est le régime mixte adopté par les bourgeois

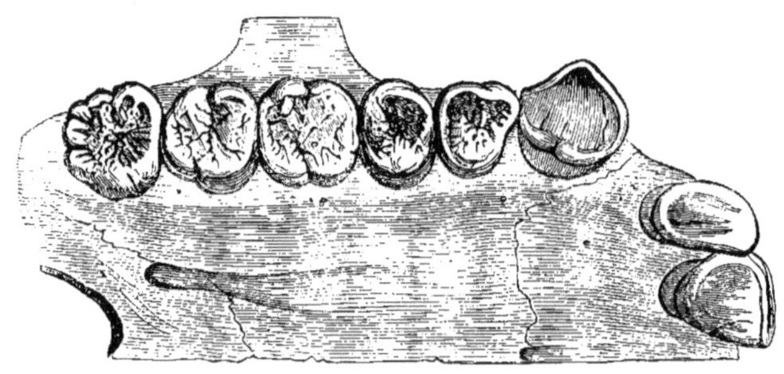

MACHOIRE SUPÉRIEURE D'UN SINGE (L'ORANG-OUTANG).

d'Europe et d'Amérique. Tout Européen ayant une certaine
aisance s'est tellement habitué à une nourriture composée d'aliments animaux et végétaux, qu'un changement de ce régime
contre un autre exclusivement animal ou exclusivement végétal
lui serait nuisible. On peut donc dire que nous vivons à une
époque où l'on tend vers une nourriture mélangée de viande
et de végétaux.

Ce résultat peut-il devenir général ? Le régime de la *poule
au pot*, ou celui du soldat français qui reçoit chaque jour près
de 300 grammes de viande, peut-il devenir le régime normal
de la nation et même de l'espèce humaine ? Sans doute il est
permis de faire des vœux pour l'accroissement du bien-être
général et, en particulier, pour l'amélioration du régime alimentaire, mais encore faut-il que ces vœux soient réalisables.
La production de la viande exige un temps assez long et une

grande étendue de pâturages : les steppes de l'Asie ou les pampas de l'Amérique nourrissent d'énormes troupeaux de bœufs qui suffiraient à l'alimentation de grands peuples. Malheureusement, la viande ne peut se conserver fraîche et être transportée à de grandes distances. Dans les pays très peuplés du vieux monde, en Europe, aux Indes, en Chine, au Japon, la quantité d'animaux domestiques ou sauvages diminue à mesure que la population va en augmentant : la consommation de la viande ne saurait, par conséquent, s'y accroître. Un régime alimentaire *en grande partie végétal* est donc nécessairement celui de la majorité des habitants dans les pays très peuplés.

On ne saurait rien dire de plus vrai et de plus profond sur ce sujet que ces paroles adressées par un chef de Peaux-Rouges aux gens de sa tribu : « Ne voyez-vous pas que les blancs vivent de grains, tandis que nous vivons de viande ; que la viande exige plus de trente mois pour pousser, et qu'elle est souvent are ; que chacun des grains merveilleux qu'ils sèment leur rend plus du centuple ; que la viande a quatre jambes pour se sauver, tandis que nous n'en avons que deux pour l'attraper ; que les grains restent et poussent là où les hommes blancs les sèment ; que l'hiver, qui est pour nous le temps des chasses pénibles, est pour eux le temps du repos ? C'est pour cela qu'ils se multiplient et qu'ils vivent plus longtemps que nous. Je le dis donc à tous ceux qui m'entendent : avant que les arbres, sur nos cabanes, aient péri de vieillesse, avant que les érables de la vallée cessent de donner du sucre, la race des petits semeurs de blé extirpera celle des mangeurs de viande, si vous ne vous décidez pas à semer ! »

5° De la quantité d'aliments nécessaire.

« C'est une ennuyeuse santé que celle qui s'achète par un trop grand régime, » a dit un philosophe mal inspiré. Sans doute les raffinements de la cuisine, l'abondance et la recherche des mets ont un grand charme pour beaucoup d'hommes; sans doute, il est ennuyeux d'avoir à veiller sur la quantité d'aliments que l'on consomme et de s'astreindre à une certaine régularité dans la distribution et l'ordonnancement des repas; mais la santé est à ce prix, et la guerre fait moins de victimes que l'abus des plaisirs de la table. La sobriété est le premier des médecins.

Vers 1460, naquit, à Venise, Louis Cornaro, d'une famille illustre qui a fourni trois doges à la république vénitienne et une reine à l'île de Chypre. Comme tous les nobles de son pays, Cornaro pendant sa jeunesse se livra à l'intempérance. Il tenait sa place, comme il le dit lui-même, dans « ces festins si outrés qu'on ne saurait faire de tables assez grandes pour arranger la quantité de plats, en sorte qu'on est obligé de servir les viandes et les fruits par pyramides ». D'une constitution faible, Cornaro ne put résister à ces excès; à trente-cinq ans, ses médecins ne lui donnaient plus que deux ans de vie. Notre héros tint compte de cet avertissement et résolut de vivre malgré la sentence prononcée contre lui par la médecine. Sa sobriété devint excessive. Douze onces d'aliments solides et quatorze onces de vin constituèrent sa nourriture de chaque jour. Il partageait cette dose en deux repas, puis en quatre, afin que son estomac eût moins de peine à digérer. Il changeait d'aliments, il mangeait « du pain, du mouton, des perdrix.... Tous ces aliments sont propres aux vieillards; s'ils sont sages, ils doivent s'en contenter. » Cornaro vécut ainsi pendant soixante-dix ans, et ne fut malade qu'une seule fois. Voici à quelle occasion : « Je fus sollicité, dit-il, à faire une chose qui faillit me coûter cher. Mes parents que j'aime et qui ont pour moi une véritable tendresse, mes amis pour qui j'ai toujours eu de la complaisance, enfin les médecins qui sont les oracles de la société, s'unirent pour me persuader que je mangeais trop peu. J'eus beau leur représenter que ce peu m'ayant maintenu depuis longtemps en bonne santé, cette habitude était passée chez moi en nature. Tout cela ne les persuada point. Lassé de leur opiniâtreté, je fus obligé de les satisfaire. Ainsi, ayant accoutumé de prendre en pain, jaune d'œuf et viande la pesanteur de douze onces, j'accrus ce poids jusqu'à quatorze, et buvant quatorze onces de vin, j'en augmentai la dose jusqu'à seize. Cette augmentation de nourriture me fut si funeste, qu'au bout de dix jours on désespéra de ma vie, et l'on se repentit du conseil que l'on m'avait donné. » A ce régime alimentaire, Cornaro joignait une foule de précautions contre le chaud et le froid, le mauvais air, la pluie et le soleil; il s'abstenait des veilles et de tout exercice violent. Il n'en mourut pas moins, et succomba le 26 avril 1566, à l'âge de cent cinq ans. Bien que Cornaro ait eu peu d'imitateurs, son exemple montre cependant toute l'influence que la sobriété et le régime ont sur la conservation de la vie et de la santé.

Sous le rapport de l'alimentation, les hommes peuvent être divisés en deux classes : ceux qui, par misère, mangent trop peu et ceux qui mangent trop et trop bien ; car voracité et gourmandise vont souvent ensemble et ne valent pas mieux l'une que l'autre. « Dans le diner de l'homme riche[1] il y aurait trois parts à faire : la première pour la réparation des forces; la seconde pour la satisfaction du palais; la troisième pour la préparation des maladies à venir; on ne contestera pas l'avantage qu'il y aurait à réserver au moins cette dernière. »

La nature avait donné à l'homme un guide pour la quantité d'aliments à consommer : c'est l'appétit, ce besoin instinctif qui dirige tous les animaux. Mais l'homme a trouvé moyen de modifier l'appétit. Il le surexcite par des stimulants, par des assaisonnements, par des préparations culinaires savantes : à côté de l'appétit réel, il crée ainsi un appétit factice qui lui permet de satisfaire sa sensualité, jusqu'au jour où la nature se révolte et se venge par la perte de tout appétit.

1. Fonssagrives. *Entretiens sur l'hygiène.*

Quelle règle doit-on s'imposer et suivre sévèrement dans l'alimentation? C'est de fournir largement à l'organisme la quantité d'aliments nécessaire pour réparer toutes ses pertes, la dépasser même un peu, mais sans jamais aller beaucoup au delà.

· Cette quantité varie d'ailleurs avec les circonstances. Le jeune homme dont la croissance est rapide, l'homme qui se livre à un travail fatigant, celui qui prend beaucoup d'exercice, ont besoin de plus de nourriture et d'aliments plus réparateurs que celui qui reste tranquillement au coin de son feu. Il est donc impossible de fixer une ration alimentaire qui convienne à tout le monde ; mais on a pu établir une ration normale et moyenne applicable à l'homme adulte, dans des conditions ordinaires de travail et d'exercice. Elle doit contenir, par jour, 130 grammes environ de matières albuminoïdes azotées pour la réparation des organes, et 325 à 350 grammes de charbon destiné à fournir le combustible nécessaire à la respiration.

On peut arriver à ce résultat de bien des façons ; mais l'une des meilleures rations est formée de :

Pain...............................	1000 grammes
Viande (non cuite, sans os)............	286 —

C'est très sensiblement la ration du cavalier français :

Viande...........................	285 grammes
Pain de munition.....................	750 —
Pain blanc de soupe...................	516 —
Légumes frais pour la soupe...........	200 —

Le grand avantage de cette ration, composée d'aliments végétaux ou animaux, consiste dans l'association de la viande et du pain, l'une très riche en matières albuminoïdes, l'autre contenant beaucoup d'amidon, principe combustible. Ce mélange permet de donner à la ration les qualités voulues, tout en réduisant son poids. L'estomac reçoit ce qui lui est nécessaire sans être inutilement surchargé. Il n'en serait pas de même avec des rations formées d'un seul aliment. Le pain,

le riz sont des aliments peu azotés ; aussi, pour arriver à la dose
de 130 grammes de matières albuminoïdes, il faudrait :

1900 grammes de pain.
ou bien 1850 grammes de riz.

Mais alors la ration contient beaucoup trop de principes féculents combustibles. En outre, pour gonfler et faire cuire le
riz, il faut au moins quatre fois autant d'eau; la ration de
1850 grammes de riz représente donc près de 9 kilogrammes
de pâte cuite à avaler chaque jour. Tel est cependant le régime
fondamental des Chinois et des Hindous. Une ration uniquement composée de viande présente des inconvénients analogues. Très riche en principes albuminoides, la viande contient
peu de matières combustibles : aussi, pour fournir à l'appareil
respiratoire les 350 grammes de charbon qu'il brûle chaque
jour, il faudrait absorber 2900 grammes, près de 3 kilogrammes
de viande. Mais alors que de bien perdu ! car la ration contient
700 grammes de matières azotées au lieu de 130 qui suffiraient.

Il faut donc, dans un régime bien entendu, ne pas se contenter d'un aliment unique; il faut mélanger les aliments
riches en principes albuminoïdes, la viande, les légumineux
(pois, haricots, lentilles), avec d'autres aliments peu azotés,
comme le pain, le riz, la pomme de terre : ceux-ci fournissent
le charbon nécessaire à la respiration. Parmi les rations ainsi
constituées, les unes seront entièrement végétales, les autres
contiendront des matières animales mélangées à des produits
végétaux. Dans tous les cas, il sera facile de se rendre compte
de leur valeur nutritive en consultant le tableau de la page 33.
Appliquons ce principe à deux exemples.

1° RATION DES OUVRIERS ANGLAIS AYANT TRAVAILLÉ AUTREFOIS
AU CHEMIN DE FER DE ROUEN.

Viande............ 660 grammes = matière albuminoïde 112 gr ⎫
Pain blanc........ 750   —   —   67 5 ⎬ 192,7
Pommes de terre... 1000   —   —   13 2 ⎭
Bière............. 2 litres.

Cette ration contient près de 200 grammes de matières albuminoïdes et beaucoup de féculents : elle est donc des plus réconfortantes.

2° RATION DES OUVRIERS AGRICOLES EN IRLANDE.

$$\left.\begin{array}{lllll}\text{Pommes de terre...} & 6\,350 \text{ grammes} = \text{matière albuminoïde} & 82^{\text{gr}} \\ \text{Lait.............} & 500 \quad - \quad = \quad - & 25\end{array}\right\} 107$$

Cette ration ne renferme guère plus de 100 grammes de principes albuminoïdes. Elle ne donne qu'une alimentation insuffisante, malgré l'énorme quantité d'aliments absorbés et la forte proportion de fécule qu'ils contiennent. Il faudrait au moins doubler la dose de lait.

6° Des repas.

La distribution des repas varie beaucoup avec les habitudes locales et avec l'âge des personnes ; mais elle doit toujours être régulière. Un genre de vie bien ordonné est nécessaire à tout le monde : il ne faut cependant rien exagérer ; on doit s'assujettir à la règle et non s'y asservir ; ayons de la régularité dans le régime, mais non de la ponctualité. Les heures des repas une fois distribuées, on doit s'abstenir de manger dans les intervalles : l'habitude ramène alors la faim aux mêmes heures. Celles-ci ne doivent être ni trop rapprochées, ni trop écartées : dans le premier cas, un travail répété fatigue l'estomac ; dans le second, les repas doivent être trop copieux et les digestions sont plus difficiles.

Ces préceptes s'appliquent à tous les âges. Ainsi, pour le tout jeune enfant, l'allaitement ne doit pas se faire à toute heure, à tout propos, suivant le caprice de l'enfant ou de la mère : un intervalle de trois heures est le plus favorable à la santé du nourrisson et au repos de la nourrice. Plus tard, les repas deviendront moins nombreux, mais cependant plus rapprochés pour l'enfant que pour l'homme adulte. Chez ce dernier,

un intervalle de six heures environ est celui qui s'accorde le
mieux avec le besoin de réparation et avec les exigences de la
vie sociale : le nombre des repas est alors de trois. Cette distribution convient aux personnes qui se livrent à des travaux
pénibles ; mais celles d'une vie sédentaire digèrent plus lentement : elles se contentent alors de deux repas, précédés souvent, le matin, d'un déjeuner composé de laitage. Les vieillards
ne font ordinairement que deux repas, quelquefois même un
seul.

La ration journalière d'aliments n'est pas répartie également
entre les divers repas : l'importance de chacun d'eux varie avec
la coutume, l'emploi du temps et les occupations de chacun.
Les Romains prenaient leur repas le plus copieux après la clô-
ture des affaires du jour ; c'est également l'usage à Paris. Dans
beaucoup de localités en France, le dîner se prend, au contraire, vers le milieu du jour. La plupart des personnes
s'habituent indifféremment à une distribution quelconque des repas ; mais une fois cette habitude prise, il en
est beaucoup qui ne peuvent se déranger de leur régime, et
pour lesquelles un changement, même d'un seul jour, a des
inconvénients. Cette influence de l'habitude et des usages se
manifeste jusque dans le caractère que donnent à nos repas les
personnes invitées à les partager. Sous ce rapport, le déjeuner
est le repas de l'amitié, le dîner celui de l'étiquette, le goûter
celui de l'enfance, le souper celui de l'esprit.

Il n'est pas bon de se mettre à table après un repos prolongé,
un travail sédentaire, ou bien encore à la suite d'émotions vio-
lentes. Un exercice modéré, mais non poussé jusqu'à la fatigue,
est la meilleure préparation au repas ; quant aux excitants de
l'appétit, quels que soient leur nom et leur couleur, ce sont
toujours des préparations délétères. Une promenade d'une demi-
heure tient lieu d'absinthe et la remplace avantageusement.
Pendant le repas, on doit respirer un air pur : est-il possible
d'établir une comparaison entre le dîner fait en plein air, à la

campagne, et celui que l'on prend dans une salle à manger étroite, échauffée, où les convives sont entassés sans pouvoir faire un mouvement. Pas de discussions animées pendant le repas, mais seulement une conversation douce et sur un sujet gai.

Le repos, ou bien un exercice modéré, comme celui de la marche, est la meilleure condition pour le travail de la digestion : on digère autant avec ses jambes qu'avec son estomac, a dit un grand médecin. Un travail pénible, un exercice violent retardent au contraire la digestion. Deux chiens firent un même repas; l'un d'eux fut enfermé, l'autre conduit à la chasse. On les tua à la même heure : la digestion était complète chez le premier, à peine commencée chez le second. On doit éviter après dîner le mouvement de la voiture, celui de la balançoire, l'impression subite du froid et les travaux exigeant une grande contention d'esprit. Il est également nuisible de se mettre au lit immédiatement après le repas, et l'on devra conserver, entre le dîner et le coucher, un intervalle de deux heures environ. Le besoin de dormir après le repas est fréquent chez les enfants ou chez les personnes dont la digestion est difficile. Il provient souvent aussi d'une trop grande abondance de nourriture : le sommeil prédispose alors aux congestions cérébrales; les apoplexies sont plus nombreuses dans les pays où le souper est le principal repas. Il faut donc se contenter le soir d'aliments légers, digestifs, et favoriser la digestion par un peu d'exercice.

CHAPITRE III

L'homme utilise pour sa nourriture des animaux appartenant à toutes les divisions du règne animal. Ceux dont l'organisation ressemble le plus à la sienne lui fournissent les aliments les plus riches en principes nutritifs et les plus facilement assimilables. La chair, le sang, le lait des divers mammifères, homme, bœuf ou mouton, se ressemblent en effet beaucoup. Nous suivrons donc l'ordre que les naturalistes ont établi dans le règne animal, et nous passerons en revue successivement les aliments tirés des mammifères, des oiseaux, des poissons et des reptiles, des crustacés, des mollusques et des zoophytes.

1° Mammifères.

A. — LA VIANDE ET SES QUALITÉS.

La chair, tissu musculaire des mammifères et des oiseaux, est désignée communément sous le nom de viande. Celle des mammifères constitue la partie la plus importante de l'alimentation d'origine animale. L'homme sauvage se contente des animaux qu'il rencontre et qu'il tue à la chasse ; mais le gibier et la venaison ne sont qu'un accessoire et un luxe pour l'homme civilisé. Il élève, à l'état domestique, les espèces herbivores qu'il a reconnues les meilleures, et se procure ainsi une nourriture toujours prête, au lieu d'une proie problématique.

Les mammifères essentiellement herbivores, les ruminants,

méritent la première place, soit comme gibier, soit comme animaux de boucherie. Les espèces varient avec les climats; mais partout on rencontre des ruminants domestiques, indigènes ou acclimatés.

Le bœuf est une des richesses de l'Europe et des régions tempérées des deux mondes; son travail est précieux pour l'agriculture; sa chair est des plus saines et des plus récon-

fortantes. Pour qu'elle acquière toute sa qualité, on doit laisser reposer l'animal pendant quelque temps et le nourrir alors largement, afin de l'engraisser. La vache fournit son lait et donne une viande un peu inférieure à celle du bœuf. Celle du veau est plus tendre, bien blanche quand l'animal n'a été nourri que de lait; s'il est trop jeune, la chair est gélatineuse et peu nourrissante. Le buffle, originaire de l'Inde et acclimaté en Italie et en Grèce, l'yack du Thibet et de la Tartarie, le bison et le bœuf musqué, qui ont l'Amérique pour patrie, peuvent remplacer le bœuf; mais leur viande est de moins bonne qualité.

Soumis au même état de domesticité que le bœuf, le mouton
a donné de nombreuses races également utiles par leur chair,
leur lait, leur graisse, leur laine. On ne mange guère le bélier
ni la brebis; la chair de l'agneau est blanche, molle et fade;
celle du mouton est brune. C'est un aliment tendre, digestif
et sain. La consommation en est énorme en Europe et dans
l'Afrique septentrionale. On estime particulièrement, en

LA VACHE ET LE VEAU.

France, les moutons du Berri, de la Bourgogne; ceux des prairies voisines de la mer sont connus sous le nom de moutons
de prés salés.

La chair du bouc et de la chèvre possède une odeur désagréable; ce qui n'empêche pas les Écossais et les habitants du
pays de Galles d'en faire usage, surtout après l'avoir salée et
fumée. En Corse, on mange également la chèvre. Mais cet animal est surtout précieux par la quantité de lait qu'il fournit.
Le chevreau ressemble beaucoup à l'agneau.

Les antilopes offrent plusieurs espèces intéressantes au point
de vue alimentaire. Tels sont : les antilopes du Cap, l'antilope
de l'Inde, la gazelle du nord de l'Afrique, le chamois des
Alpes, qui porte, dans les Pyrénées, le nom d'isard.

Les cerfs, reconnaissables à leurs cornes caduques, vivent ordinairement à l'état sauvage. On peut citer : les élans, qui habitent l'Europe, l'Asie et l'Amérique, et dont la chair est très délicate ; le chevreuil, si estimé comme gibier, lorsqu'il a un an ou dix-huit mois ; le daim et le cerf, dont la viande n'est que passable. Le plus important de tous les cerfs est le renne, qui est le bétail du Lapon et sa richesse domestique. Il vit de mousses et de lichens, s'attelle aux traîneaux, ou fournit une foule de produits. Sa chair se mange à l'état frais ou des-

MOUTON.

séchée ; son lait se conserve longtemps gelé ; le sang sert à faire du boudin et la peau à confectionner des vêtements.

Si nous passons des régions polaires aux déserts de l'Afrique et de l'Arabie, nous trouvons un autre ruminant, le chameau, employé aussi comme bête de somme, et comme animal de boucherie lorsqu'il est jeune. Le lait des chamelles est, en outre, une des nourritures principales de l'Arabe.

Les mammifères pachydermes fournissent à l'alimentation le cochon domestique ou porc, dont les différentes espèces ont le sanglier pour souche commune. Cet animal est facile à nourrir, se multiplie rapidement, grâce à une prodigieuse fécondité, donne une viande d'un goût agréable et une graisse abondante : la chair, le sang, la graisse, le foie, les intestins, les pieds, la tête, servent à une foule de préparations connues sous le nom de charcuterie. Salée ou fumée, la viande de porc se conserve longtemps; c'est une des ressources les plus précieuses pour l'alimentation des campagnes. Le porc s'acclimate facilement; aussi a-t-on proposé de l'introduire dans les îles

CHEVREUIL.

de la Polynésie, afin de procurer aux indigènes la nourriture animale qui leur manque. Ce serait peut-être le meilleur moyen de faire disparaître l'anthropophagie. A côté de grands avantages, la viande de porc présente des inconvénients : elle est d'une digestion assez difficile et peut, dans certains cas, devenir malsaine. On y trouve quelquefois de petites coques dures, de la grosseur d'un pois, qui contiennent les *cysticerques* ou germes du ver solitaire. Vient-on à manger cette viande, le ver se développe dans l'intestin et y acquiert un développement considérable. On a beaucoup parlé aussi des trichines, vers microscopiques existant dans certaines chairs de porc et pouvant passer dans celle de l'homme qui s'en nourrit. La présence des trichines est fort rare chez le porc, et l'on évite tout accident en soumettant la viande à une cuisson prolongée. C'est donc dans les pays où l'on mange le jambon cru que l'on doit redouter la trichine.

PORC.

L'homme ne tire pas, sous le rapport alimentaire, tout le parti possible des mammifères pachydermes. La chair de l'âne, avec laquelle on fabrique les saucissons de Bologne, est, il est vrai, indigeste et coriace, mais celle de cheval est l'objet d'une prévention injuste. Sans doute, il ne faut pas manger les vieux chevaux morts de maladie ; ce n'est pas une raison pour repousser complètement une viande salubre, nourrissante, et d'aussi bon goût que celle de bœuf. Il est certain qu'elle a été de tout temps introduite frauduleusement dans la consommation ; aussi est-ce un progrès d'avoir régularisé la vente de la viande de cheval en l'entourant d'une surveillance sanitaire.

Les rongeurs sont représentés dans notre alimentation par le lièvre et le lapin ; au nouveau monde, on mange le cabiai et l'agouti. Le lapin vit dans les bois et les garennes, où il creuse des terriers. Sa nourriture, composée de plantes sèches et aromatiques, donne à la chair une délicatesse et un goût particuliers. On ne les retrouve pas dans le lapin domestique, nourri le plus souvent avec des débris de légumes. Le lièvre a une chair noire, savoureuse et nourrissante.

LIÈVRE.

Les autres ordres de mammifères ne fournissent des aliments à l'homme que d'une façon exceptionnelle ou dans certains pays. Les amateurs vantent le *beefsteack d'ours* et les riches Malais recherchent le lamantin ou bœuf marin. Le cachalot procure aux Groenlandais un aliment estimé ; ils en font sécher la viande à la fumée. Nos marins se contentent de manger la langue. Les différentes variétés de phoque (veau marin, lion marin) font les délices des Esquimaux ; le chien, le chat, le rat sont, en Chine, utilisés pour la table; enfin, il n'est guère d'animal que les Parisiens, lors du siège de 1870, n'aient mangé, par nécessité et un peu aussi par curiosité.

Avant de former les muscles et les organes, les substances alimentaires doivent subir une série de métamorphoses. La viande est le produit de ces transformations opérées non dans notre organisme, mais dans celui d'un autre animal. C'est en cela que consiste sa haute valeur comme aliment : aucune substance ne peut agir aussi rapidement que la

PHOQUE OU VEAU MARIN.

viande pour reproduire la chair et pour réparer la substance musculaire usée par le travail.

Le travail produit par une machine ou un animal dépend de la quantité de charbon brûlée : c'est le combustible qui se transforme en chaleur et en travail. Mais pour produire beaucoup de travail en peu de temps, il faut une machine solidement établie, où l'on puisse brûler beaucoup de charbon : la locomotive qui remorque quelques vagons de voyageurs serait impuissante à traîner une longue file de vagons pesamment chargés de marchandises. Il en est de même de l'homme : celui

qui a les muscles les plus gros, qui est le plus solidement bâti
peut exercer un effort plus grand, faire plus de besogne dans
le même temps. Or il est certain que c'est la viande, aliment
plastique par excellence, qui fait la chair et les muscles :
l'homme qui veut faire beaucoup de travail doit donc manger
de la viande. Quelques exemples montreront ses effets dans
l'a imentation.

Un grand établissement industriel occupait six cents ouvriers qui se nourrissaient surtout d'aliments végétaux. La
caisse de secours, chargée de fournir aux ouvriers malades la
moitié de leur salaire, était toujours en perte, car chaque
homme perdait, en moyenne, quinze jours de travail par an.
L'introduction de la viande dans le régime réduisit ce nombre
à trois, et fit ainsi gagner douze jours de travail par an.

En 1841, lors de la construction du chemin de fer de Rouen,
les ingénieurs anglais chargés de l'établissement de la voie
employaient beaucoup d'ouvriers de leur pays. Ceux-ci faisaient, dans le même temps, une fois et demie autant de travail
que les ouvriers français. On reconnut bientôt la cause de cette
différence : le *roastbeef* ou bœuf rôti fut substitué au bouilli,
aux soupes et aux légumes dont se nourrissent les Français ;
soumis au même régime alimentaire (voy. p. 43), tous les
ouvriers produisirent le même travail.

En 1825, une usine à fer par la méthode anglaise fut établie
à Charenton. Pour certaines opérations exigeant beaucoup de
force, on dut faire venir des ouvriers anglais. Les directeurs
pensèrent que la faiblesse des Français tenait à leur genre
d'alimentation : ils prirent des mesures pour que ceux-ci
pussent manger de la viande en aussi grande quantité que les
ouvriers anglais. Six mois après, ces derniers retournaient
chez eux, laissant des Français vigoureux pour les remplacer.

En Louisiane et en Georgie, les propriétaires d'esclaves
avaient reconnu qu'ils avaient intérêt à faire faire aux nègres

employés à la culture du coton quatre repas par jour, dont deux avec de la viande. Le travail obtenu compensait largement l'accroissement de dépense.

Il y a plus : les populations qui ne font pas usage de viande, ont non seulement moins de vigueur corporelle, mais aussi moins d'énergie morale. « Voyez l'Irlande, voyez l'Inde ! L'Angleterre règnerait-elle sur un peuple en détresse, si la pomme de terre, presque seule, n'aidait celui-là à prolonger sa lamentable agonie? Cent quarante millions d'Indous obéiraient-ils à quelques milliers d'Anglais, s'ils se nourrissaient comme eux? Les Brahmes, comme autrefois Pythagore, avaient voulu adoucir les mœurs; ils y ont réussi, mais en énervant les hommes. » (Isidore Geoffroy Saint-Hilaire.)

Le grand combat du travail et de l'industrie exige donc, comme ceux de la guerre, une restauration suffisante de l'homme qui le livre. Le soldat se bat mal lorsqu'il est à jeun : le travailleur qui produit beaucoup doit se réparer suffisamment. Le travail produit par les machines dépend de la quantité de houille qu'elles brûlent et de celle du fer qui entre dans leur construction : dans la machine humaine, les aliments féculents et gras remplacent la houille; la viande est le fer employé à sa construction.

Puisque la viande joue un rôle si important dans l'alimentation, il n'est pas inutile de dire quelques mots des circonstances qui influent sur ses qualités alimentaires.

La viande des animaux très jeunes passe pour plus digestive : en réalité, elle est moins nourrissante. Elle contient, en effet, beaucoup de gélatine, et moins de fibrine ou d'albumine que celle des animaux adultes. Aussi, lorsqu'on la fait bouillir dans l'eau, elle donne un bouillon qui se prend en gelée, mais qui n'est pas plus nourrissant pour cela; car la gélatine n'est pas un aliment. Des expériences très nombreuses ont été faites pour le démontrer : on a reconnu que les chiens, après en

avoir essayé pendant quelques jours, meurent de faim à côté de
la gélatine; leur donne-t-on ces agréables gelées que préparent
les charcutiers, ils les mangent d'abord avec plaisir, puis ils
n'y touchent plus et meurent au bout d'une vingtaine de jours,
comme s'ils n'avaient rien mangé; associe-t-on la gélatine à un
peu de pain ou de viande, les chiens vivent plus longtemps,
mais ils maigrissent et succombent en une soixantaine de
jours. Quelques savants essayèrent ce régime sur eux-mêmes et
constatèrent en peu de temps ses inconvénients. Il faut donc
renoncer complètement à l'espoir qu'on avait eu de retirer des
os, sous forme de gélatine, une matière alimentaire précieuse;
il faut se rappeler, en outre, que toute viande trop jeune ou
gélatineuse est peu nutritive.

La meilleure viande est donc celle des animaux adultes,
mais non trop âgés, car alors ils s'engraissent difficilement.
Les bœufs peuvent travailler comme bêtes de trait jusqu'à
sept ou huit ans; on les met ensuite à l'engrais avant de les
livrer à la boucherie. Le tissu musculaire est alors plus déve-
loppé que chez les animaux soumis à un engraissement précoce. La mise à l'engrais des animaux est nécessaire pour que
la viande soit bonne : une bête trop maigre donne une chair
sèche, de difficile digestion. Un excès de graisse est également
nuisible; les fibres, protégées par la graisse qui n'est pas altérée dans l'estomac, y restent longtemps sans se dissoudre.
C'est une des raisons qui rendent la chair de porc, ordinairement très grasse, difficile à digérer. En un mot, les fibres de
la viande doivent être, non pas chargées de suif, mais entourées d'une fine couche graisseuse.

Il ne faut pas non plus que la viande soit trop fraîche : con-
servée quelque temps, plus ou moins suivant la saison, elle
prend une légère acidité, et se digère mieux ensuite. Mais dans
aucun cas elle ne doit manifester de traces de décomposition
putride, et arriver à cet état que l'on désigne par l'expression
polie de viande faisandée.

Le mode de préparation de la viande influe beaucoup sur sa digestibilité et, par conséquent, sur son pouvoir nutritif. On peut distinguer sous ce rapport les viandes rôties ou grillées, les viandes bouillies à l'eau et les ragoûts.

Dans le rôtissage ou dans le grillage, la viande est exposée directement à l'action du feu. La surface arrive brusquement à une température de 120 à 130 degrés et l'intérieur n'est échauffé qu'à 50 ou 60 degrés. Les tissus superficiels se contractent, l'albumine s'y coagule. La masse centrale ne peut donc se dessécher; elle est macérée par les sucs liquides échauffés et conserve sa couleur rouge. Tel est le rôti saignant recherché par les jeunes estomacs ; les personnes âgées préfèrent un degré de cuisson plus avancé ; il divise mieux les fibres de la viande et facilite l'action des sucs digestifs. La préparation du rôti est d'ailleurs une opération délicate, puisque, d'après Brillat-Savarin, *on devient cuisinier, mais on naît rôtisseur.* Les viandes rôties de veau ou de porc doivent être cuites à l'intérieur jusqu'à 90 ou 95 degrés au moins : la partie extérieure est alors caramélisée, d'une couleur dorée et dégage un parfum agréable. La même température est nécessaire pour le gibier. Ce procédé de préparation est le seul qui conserve à la viande toutes ses qualités ; il ne lui fait guère perdre que de l'eau et réduit son poids dans la proportion de 25 à 30 pour 100.

La viande cuite au four offre une saveur moins franche que celle du rôti ; mais elle est cuite plus complètement à l'intérieur. Il en est de même dans le procédé de cuisson dit *à l'étuvée;* aussi cette méthode convient-elle pour les personnes âgées, dont les dents ne font plus un excellent service. Quant aux différentes préparations qui portent le nom de ragoûts, elles ont le défaut d'être plus ou moins indigestes. La graisse que l'on y ajoute enveloppe les fibres de la viande et empêche l'action du suc gastrique qui doit la dissoudre : un corps gras n'est pas mouillé par l'eau; aussi la graisse, mélangée à un aliment, doit s'en séparer dans l'estomac et passer d'abord

dans l'intestin ; le suc gastrique agit ensuite : mais alors le
séjour dans l'estomac se prolonge et la digestion est plus pénible.

La préparation de la viande bouillie à l'eau, le *pot-au-feu*,
est en France un procédé essentiellement national. Avec du
sel et quelques légumes, on obtient de cette façon du bouillon
et de la viande cuite. Si l'on met la viande dans l'eau froide
et qu'on chauffe peu à peu, le bouillon est meilleur, mais la
viande est bien sèche ; elle l'est un peu moins lorsqu'on la
plonge dans l'eau bouillante. Les bouchers recommandent, et
pour cause, de mettre des os dans le pot-au-feu ; ce sont les os
qui font le bon bouillon, prétendent-ils. En réalité, l'eau
bouillante n'enlève rien à l'os et celui-ci ne sert nullement.
Quant à la viande, elle cède à l'eau fort peu de matières solubles et, par conséquent, le bouillon ne contient guère de principes nutritifs. D'un autre côté, une ébullition prolongée coagule complètement l'albumine de la viande ; ses fibres deviennent dures et sèches ; la graisse qui les imprégnait se fond et
monte à la surface du bouillon, d'où l'on a soin de l'enlever, si
l'on veut un bon potage. Cette méthode a donc pour résultat
de préparer une viande infiniment moins digestive que la
viande rôtie, et un bouillon dont les propriétés sont dues en
grande partie aux légumes qui entrent dans sa composition.
J'en suis bien fâché pour les personnes qui regardent *un bon
bouillon* comme l'idéal d'un réconfortant ; la vérité, c'est que
le bouillon n'est pas un aliment, mais un simple excitant des
organes digestifs. Six litres de bouillon ne valent pas un litre
de lait. Le potage au bouillon est un mets agréable, mais coû-
teux ; le pot-au-feu utilise mal les propriétés nutritives de la
viande.

Un moyen de faire rapidement du bouillon est ce que les
Anglais appellent le *thé de bœuf*. On met 450 grammes de
viande coupée en petits morceaux dans un litre d'eau froide
et l'on chauffe lentement jusqu'à l'ébullition ; on y ajoute du

sel, du poivre, etc. Le bouillon est fait en une heure. Cette préparation est peu économique, car la viande ne vaut absolument rien.

B — LE LAIT, LE BEURRE, LES FROMAGES.

Le lait des mammifères est un aliment parfait (voy. p. 27). Il contient de l'eau, du caséum, du beurre, du sucre et des matières minérales. c'est-à-dire tout ce qui est nécessaire à l'entretien de la vie ; aussi joue-t-il dans l'alimentation de l'homme un rôle des plus importants. Le jeune enfant se nourrit exclusivement de lait ; dans tous les pays, on élève des mammifères domestiques en vue du lait qu'ils produisent : les vaches, les chèvres, les brebis, les rennes, les chamelles, les ânesses sont mises à contribution. L'excellence de cet aliment est telle, que les médecins le prescrivent comme unique nourriture aux personnes dont l'estomac est malade. On l'emploie à la dose de quatre ou cinq litres par jour. C'est le *régime lacté*, fort à la mode aujourd'hui ; les dents sont alors un meuble inutile ; aussi n'est-il pas rare de les voir tomber après quelques années de régime lacté.

Le lait s'altère assez rapidement à l'air, surtout dans les saisons chaudes. Il s'aigrit, parce que le sucre se transforme en acide lactique ; en même temps le caséum, insoluble dans les liqueurs acides, se dépose en flocons ou caillots. On dit que le lait *tourne*. Le même effet se produit quand le lait arrive dans l'estomac. Au contact du suc gastrique, qui est acide, le caséum se coagule tout d'abord ; mais il se redissout ensuite et se digère aisément. Aussi, dans la fabrication des fromages, se sert-on souvent pour faire cailler le lait, d'une matière nommée *présure*, préparée avec l'estomac des jeunes veaux. Il suffit, au contraire, pour empêcher le lait de tourner, d'y ajouter une matière alcaline qui se combine avec l'acide et en neutralise les effets. Les laitiers le savent bien ; ils mettent du bicarbonate de soude dans leur lait et acquièrent ainsi, à bon marché, la réputation de vendre du lait qui ne tourne pas. Malheureusement, cette addition n'est pas sans inconvénients pour le consommateur.

Les dangers que présente l'extrême altérabilité du lait sont surtout à craindre dans l'alimentation des nouveau-nés que l'on élève au biberon. Les diarrhées souvent mortelles dont ils sont frappés, sont dues le plus souvent, soit à la mauvaise qualité du lait, soit à son séjour prolongé dans les appareils, soit au peu de soin que l'on apporte à leur nettoyage. Les plus simples sous ce rapport sont les meilleurs ; ils ne doivent contenir ni longs tuyaux en caoutchouc, ni matières poreuses, comme le liège. Il y reste toujours des traces de vieux lait aigri ; elles suffisent pour altérer toute la masse de lait tiède que l'on met et qu'on laisse séjourner dans l'appareil. A plus forte raison ne faut-il jamais ajouter de lait nouveau à celui qui reste dans le biberon.

De nombreuses falsifications se pratiquent constamment sur cet aliment si précieux ; les plus communes sont l'écrémage partiel et l'addition d'eau. Quelques personnes croient les reconnaître au moyen du pèse-lait : ce petit instrument que l'on fait flotter dans le lait s'y enfonce d'autant plus que le lait est plus léger. Le lait simplement additionné d'eau devient moins dense ; le pèse-lait indique la fraude en s'enfonçant davantage. Mais la crème est plus légère que l'eau : aussi le lait écrémé est-il plus lourd que le lait pur ; le pèse-lait s'y enfonce moins. Le laitier a donc le soin d'enlever de la crème et d'ajouter de l'eau en même temps ; il fait ainsi un double bénéfice et le pèse-lait ne peut le trahir, car le lait rendu trop lourd par l'écrémage et trop léger par l'addition d'eau conserve sa densité normale. Un essai plus sérieux est nécessaire pour reconnaître la pureté du lait. Ajoutons que le lait pur est souvent de qualité tout à fait inférieure ; c'est ce qui arrive quand les vaches restent toute l'année à l'étable, quand elles sont mal nourries, ou quand on leur donne certaines matières, telles que les pulpes de betteraves.

Abandonné à lui-même pendant vingt-quatre heures, à une température de 12 à 15 degrés, le lait se sépare en deux couches; les globules graisseux montent à la surface et forment la crème. Un lait de bonne qualité fournit de 12 à 18 pour 100 de crème, et celle-ci contient environ un tiers de matière grasse solide ou de beurre. Pour transformer la crème en

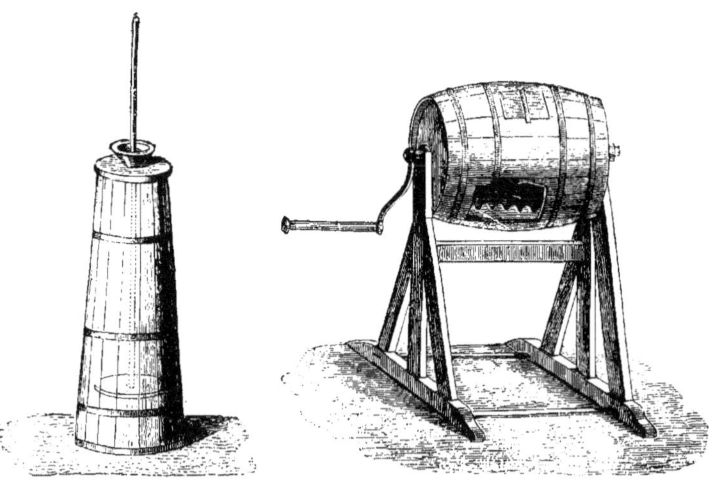

BARATTE ORDINAIRE.   BARATTE NORMANDE.

beurre, on se sert d'un instrument appelé *baratte*. La crème y est introduite et battue de manière à souder entre eux les globules de graisse. Le battage du beurre s'opère le plus souvent à bras d'homme; cependant, dans les grandes fermes d'Angleterre, d'Écosse et de France, on emploie des machines mues par des chevaux ou par la vapeur. La température de la masse est maintenue à 15 degrés pendant toute la durée de l'opération, qui dure de vingt à quarante minutes et ne doit pas être interrompue. Au sortir de la baratte, le beurre est pétri dans l'eau fraîche, afin d'enlever autant que possible le petit-lait et le caséum dont il est imprégné ; ce qui en reste lui donne une saveur particulière, agréable si la crème était fraîche et le lait de bonne qualité, fort désagréable dans les cas contraires, ou bien quand le beurre devient vieux.

On obtient un beurre d'excellente qualité en soumettant au battage le lait tout chaud : le rendement est moindre qu'en opérant avec la crème ; mais la meilleure qualité du beurre et celle du lait de beurre qui reste après le battage, compensent cette perte jusqu'à un certain point. C'est par ce procédé qu'on obtient, aux environs de Rennes, le fameux beurre de la Prévalaye.

Tout le monde sait combien le goût du beurre varie suivant les localités, les pâturages. Les beurres les plus estimés en France sont ceux d'Isigny, de Gournay, de la Prévalaye ; ils ont un parfum agréable, un goût délicat et une couleur jaune orangé, que beaucoup de fermiers cherchent à imiter en introduisant dans la baratte certaines matières colorantes jaunes. Le bon goût des beurres frais est dû à une petite quantité de lait de beurre : aussi disparaît-il complètement par la fusion. On obtient alors une matière grasse alimentaire, sans grande saveur, mais qui peut se conserver longtemps sans altération.

Le fromage est un produit fabriqué qui contient le caséum du lait et une partie plus ou moins grande du beurre : on y ajoute du sel toutes les fois qu'on veut le conserver. Quelles que soient les variétés des fromages, tous présentent dans leur fabrication certaines ressemblances. La première opération consiste à faire cailler le lait : quelquefois on l'abandonne à lui-même à une température de 20 à 25 degrés, assez élevée pour que le lait tourne en peu de temps ; mais le plus souvent on produit la coagulation rapide par l'addition de présure. Une fois formé, le caillé est séparé du petit-lait : pour le fromage blanc ou à la crème, qui doit être consommé tout de suite, un simple égouttage suffit. La séparation se fait avec plus de soin pour les fromages de conserve : on divise la masse caillée avec une grande cuiller ou un bâton, afin de faciliter la sortie du petit-lait emprisonné dans le caséum; on fait ensuite égoutter et on presse fortement dans un moule, soit à bras, soit avec une machine. Cette dernière opération donne du corps à la matière caséeuse, qui prend la forme du moule; on l'enlève alors, on frotte à plusieurs reprises sa surface avec du sel et on laisse le fromage acquérir sa maturité par un séjour plus ou moins prolongé dans une cave.

Quelques mots sur les divers fromages les plus connus. Le *fromage à la crème*, ou *fromage blanc*, est simplement formé de caillé frais et égoutté : il en est de même des petits fromages, dits *double crème;* leur qualité dépend surtout de la quantité de matière grasse qu'ils contiennent; les meilleurs sont faits avec du lait additionné de crème. Les *bondons* de Neufchâtel, les fromages de Brie, de Camembert, de Pont-l'Évêque sont fabriqués d'une manière analogue : seulement on les sale et on les conserve trois semaines ou un mois avant de les livrer à la consommation. Ils *se font*, sous l'action de l'air et de l'humidité, ce qui veut dire que le caséum se ramollit par un commencement de décomposition.

Le fromage de Gruyère est l'un des plus importants. Il appartient à la catégorie des fromages cuits : le lait est chauffé légèrement, avant d'y mettre la présure, et maintenu à une douce température pendant qu'il se caille. Il est rare qu'on fabrique du Gruyère *gras;* en général, on conserve pendant la nuit la traite du soir, on l'écrème le lendemain matin et on mêle ce lait écrémé avec le lait pur provenant de la traite du matin. Le fromage ne renferme alors que la moitié de la matière grasse du lait; il est dit *demi-gras*. Le bon fromage de Gruyère doit avoir dix-huit mois ou deux ans de cave. On le fabrique en Suisse ou bien en France, dans le Jura, l'Ain et le Doubs. Comme la confection d'un pain exige 4 à 500 litres de lait, les habitants d'un village forment une association et mettent en commun le lait de leurs vaches : ils le portent, encore chaud, à une *frui-tière* communale, où un *fruitier*, rétribué par l'association, fabrique chaque jour un ou plusieurs fromages, suivant l'importance du pays. Il est tenu note du lait fourni par chaque associé, et quand il en a apporté une quantité suffisante, le fromage fabriqué ce jour-là lui appartient, ainsi que la crème levée sur le lait de la journée. Le partage se fait ainsi en nature : dans quelques fruitières, il se fait en argent après la vente des produits communs.

Le fromage de Roquefort (Aveyron) est fait avec du lait de brebis additionné d'un peu de lait de chèvre. Il se fabrique à froid et sa qualité provient surtout de la basse température (4 à 5 degrés) des grottes ou caves naturelles dans lesquelles on le conserve. Son aspect *persillé* est dû à des moisissures vertes d'une nature spéciale qui s'y développent à la longue. Les fromages de Sassenage (Isère), celui de Septmoncel (Jura), fabriqué avec du lait de vache, ressemblent beaucoup au fromage de Roquefort.

Le fromage est un aliment très riche en caséum et qui contient en outre une notable proportion de matière grasse. A poids égal, il est supérieur à la viande sous le rapport du pouvoir nutritif, mais il lui est bien inférieur comme digestibilité. Le régime du pain et du fromage est un pauvre régime pour l'estomac.

2° Oiseaux.

Les oiseaux fournissent à l'homme des aliments, soit par leur chair, soit par leurs œufs : aussi en élève-t-on un certain nombre d'espèces domestiques qui peuplent les basses-cours. Ce sont : le coq et la poule, le dindon, la pintade, le pigeon, le canard et l'oie, auxquels on peut ajouter le faisan, dont l'élevage exige des soins particuliers. Les gallinacés ont l'honneur de fournir le plus grand nombre d'espèces comestibles, domestiques ou sauvages : les coqs, les dindons, les pintades, les faisans, les perdrix, les cailles, les coqs de bruyère, les pigeons,

FAISAN.

les ramiers. Le paon, si estimé des Romains, fait meilleure figure au milieu d'un parc que dans un diner. Les palmipèdes

PERDRIX.

sont représentés sur nos tables par les différentes espèces de canards sauvages et de basse-cour, par les sarcelles, les pillets, les oies; les échassiers, par les bécasses, les bécassines, les

poules d'eau; les passereaux, par les grives, les alouettes, les
ortolans et par toutes ces petites espèces désignées sous les
noms de gros-becs, fins-becs, becfigues. La destruction de
ces espèces est une véritable calamité pour l'agriculture ; car,
si à l'époque de la maturité elles mangent les raisins et les
figues, elles sont insectivores pendant le reste de l'année, et les
services qn'elles nous rendent valent mieux qu'une bouchée
de gourmand.

La chair des oiseaux qui vivent en liberté est plus nourris-

BÉCASSE.

CAILLE.

sante et a plus de goût que celle des oiseaux de basse-cour.
Ceux-ci se mangent, en général, très jeunes : les pigeons à un
mois, les canards à six semaines, les poulets vers trois mois,
les oies et les dindons à six mois environ : aussi les fibres de
leur chair sont très tendres et se séparent aisément. C'est pourquoi le poulet rôti est un aliment de malade et de convales-
cent. Chez les mammifères, la viande du train de derrière est
supérieure en qualité à celle des membres antérieurs : c'est le
contraire chez l'oiseau. Voler est sa vie ; aussi la chair de la poitrine ou des ailes est-elle préférable. Les canards et les oies sont
en général, très gras, et leur chair est de moins facile digestion.
Nourris avec du maïs, céréale très riche en graisse, ces animaux

contractent une maladie particulière; leur foie se développe énormément, prend une teinte jaune pâle et contient alors près des deux tiers de son poids de graisse. Le foie gras d'oie ou de canard est un aliment très recherché et très indigeste : il est vrai qu'on y associe ordinairement la truffe, qui ne l'est pas moins.

Le mode de préparation qui fait valoir toutes les qualités de la chair des oiseaux est le rôtissage ; mais il faut que les sujets

soient jeunes. Sauvages ou domestiques, ceux qui ont vieilli ont une chair dure, coriace et indigeste : elle ne peut se manger qu'après avoir subi une longue cuisson, bouillie à l'eau ou en ragoûts divers. Serait-ce pour rendre comestibles les produits trop vieux de leurs exploits que certains chasseurs attendent, pour les consommer, le moment où la viande se ramollit par un commencement de décomposition? C'est un procédé aussi contraire à l'hygiène qu'au sens de l'odorat.

Nous devons aux oiseaux un des produits les plus nutritifs sous un petit volume, un des aliments les plus digestibles : c'est l'œuf, employé tantôt seul, tantôt associé à d'autres matières alimentaires. Les plus usités sont les œufs de poule ; ceux de faisan et de vanneau passent pour les plus délicats ; ceux de cane, d'oie et de dinde sont gros, mais moins bons. Les Romains faisaient grand cas des œufs de paon, qui sont aussi fort gros.

Un œuf de poule pèse, en moyenne, 62 grammes; la coquille et les membranes représentent 6 grammes; le jaune, 19 grammes; le blanc, 37. On trouve dans le blanc de l'eau et de l'albumine; dans le jaune, de l'eau, de l'albumine et de la matière grasse. L'œuf est donc un aliment très riche en principes albuminoïdes; mais ce n'est pas un aliment parfait comme le lait; car il ne suffit pas au développement du jeune oiseau. Il faut, en outre, de la chaleur, qui est fournie, soit par la couveuse, soit par un foyer (couveuses artificielles), et qui équivaut à une certaine dose de substances combustibles à ajouter à celles de l'œuf. L'albumine de l'œuf de poule se coagule à la température de 70 à 75 degrés, et devient alors d'une digestion difficile. Aussi lorsqu'on donne des œufs à un malade, doivent-ils être fort peu cuits : le jaune encore liquide et le blanc simplement laiteux; à cet état, l'œuf est un aliment facilement assimilable et très nutritif. En général, les préparations alimentaires où entrent les œufs doivent être peu cuites : l'œuf dur est tout à fait indigeste.

L'œuf perd, au contact de l'air, 5 centigrammes environ par jour : l'eau qu'il contient s'évapore lentement à travers la coquille et l'air y pénètre à sa place. Aussi, à mesure qu'ils vieillissent, les œufs deviennent plus légers et finissent même par flotter à la surface de l'eau. L'air agit en outre sur les matières albumineuses, qui se putréfient et dégagent alors une fort mauvaise odeur : elle est analogue à celle des eaux sulfureuses et provient d'une petite quantité de soufre contenue dans l'œuf. C'est pour la même raison que les couverts d'argent brunissent lorsqu'on a mangé des œufs : il s'y forme une pellicule d'un composé noir d'argent et de soufre.

On emploie différents moyens pour éviter l'altération des œufs. Une couche de vernis déposée à leur surface empêche l'évaporation de l'eau et l'introduction de l'air : aussi vernit-on les œufs destinés à la marine et ceux qui doivent être transportés au loin. Ordinairement on se borne, dans les ménages, à conserver les œufs dans de l'eau où l'on a délayé un peu de chaux : ils peuvent se garder plusieurs mois, pourvu qu'ils soient bien frais quand on les met dans l'eau de chaux. En Chine, on sale les œufs de poule et on peut ainsi les conserver pendant plusieurs années. On les met pour cela dans l'eau très salée : les œufs flottent d'abord ; mais ils tombent au fond quand ils sont pénétrés de sel. On les retire alors et on les met en caisse. Ces œufs sont généralement consommés à l'état d'œufs durs : ils sont salés à point.

Un produit fourni par des oiseaux et qui jouit en Chine d'une grande réputation, est le nid d'hirondelles. Il ne ressemble en rien à celui de nos hirondelles de fenêtre ou de cheminée, et a pour constructeurs des hirondelles de mer, nommées *salanganes*. Elles habitent les îles de l'archipel Indien, particulièrement Sumatra, et se nourrissent d'algues et de poissons. Leur nid est formé d'une sorte de gélatine, transparente comme le verre : il doit être récolté avant que l'oiseau y ait pondu ses œufs et donne, lorsqu'on le fait cuire dans l'eau, un potage en gelée. Les plus belles qualités de nids d'hirondelles se vendent en Chine à raison de 15 à 1600 francs le kilogramme : chacun d'eux pèse de 7 à 8 grammes.

3° Reptiles, Batraciens et Poissons.

Les reptiles sont peu recherchés comme aliments, à l'exception de quelques tortues. En Europe et particulièrement en Angleterre, on prépare une sorte de potage verdâtre avec la chair de la tortue grecque, que tout le monde a pu voir aux devantures des marchands de comestibles. La grande *tortue verte* de mer, qui pèse jusqu'à 450 kilogrammes, fournit aux équipages une viande qui ressemble tout à fait à celle du veau. Les tortues terrestres sont également comestibles, mais leur chair est toujours gélatineuse. On utilise aussi leurs œufs qui, paraît-il, sont excellents.

Les batraciens n'ont, pas plus que les reptiles, un aspect assez appétissant pour être bien recherchés. La grenouille commune se vend cependant sur les marchés. On n'en mange souvent que

TORTUE COMESTIBLE ET NIDS D'HIRONDELLE.

le train de derrière : la viande des cuisses est, en automne surtout, tendre, blanche, assez semblable à celle du poulet, mais peu abondante autour de l'os. Est-ce la peine d'écorcher vives une vingtaine de malheureuses bêtes pour avoir la minime partie d'un repas? Bouillies avec de l'eau et des légumes. les cuisses de grenouilles fournissent un bouillon qui ressemble beaucoup au bouillon de viande.

Dans l'antiquité, l'usage du poisson comme aliment a d'abord été réservé aux classes les plus pauvres de la population : plus tard seulement le luxe et la gourmandise en firent leur profit. Des pêches furent organisées, des viviers construits à grands frais : on y élevait des poissons recherchés et on y conservait ceux que l'on voulait faire paraître encore vivants sur la table. De nos jours, la consommation du poisson est considérable; cette classe d'animaux fournit un contingent précieux à l'alimentation, surtout dans les pays où la viande est rare. A l'état frais, le poisson s'altère fort vite ; mais on peut le conserver après l'avoir salé ou fumé.

La chair des poissons contient les quatre cinquièmes de son poids d'eau, en moyenne ; elle est plus gélatineuse que celle des mammifères et des oiseaux ; aussi est-elle moins nourrissante. La présence de la gélatine et celle d'une assez grande quantité de graisse[1] la rendent quelquefois d'une digestion difficile : un régime où le poisson entre dans une trop forte proportion peut occasionner des dérangements, surtout chez les personnes qui n'y sont pas habituées. Enfin, il existe de nombreux poissons qui sont absolument vénéneux ; d'autres le sont dans des circonstances spéciales.

Le mode de préparation des poissons influe sur leur digestibilité : la cuisson à l'eau adoptée le plus souvent ne doit pas être trop prolongée; la cuisson dans la graisse ou friture ne convient qu'aux poissons peu gras naturellement; ceux qui le sont davantage, les harengs, les maquereaux, les thons, les congres ou anguilles de mer, les saumons, doivent être grillés ou rôtis ; le congre, par exemple, dont la chair est si filandreuse quand elle est cuite à l'eau, fournit un excellent rôti.

On peut diviser les poissons comestibles en trois classes :

1º Ceux dont la chair modérément grasse est de facile digestion. Les principaux sont : la truite, la perche, la morue fraîche ou cabillaud, le merlan, l'églefin, le rouget-barbet ou surmulet, enfin les poissons plats, turbot, barbue, sole, carrelet, plie, limande.

2º Les poissons à chair plus dense, plus grasse, quelque-

1. L'anguille d'eau douce contient 20 pour 100 de graisse huileuse; le hareng, 7 pour 100; le maquereau, 6 3/4 pour 100; le congre, 5 pour 100; le saumon 4, 8, pour 100.

fois colorée, d'une digestibilité moyenne. Nous citerons :
parmi les poissons de mer, la raie, le maquereau, le thon, le

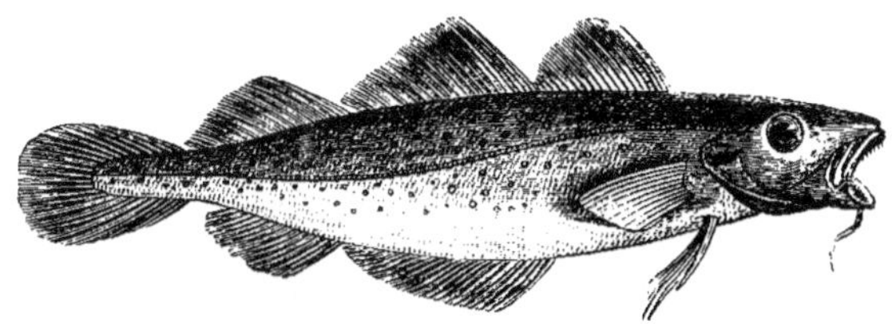

MORUE

hareng, la sardine, l'anchois; parmi les poissons d'eau douce,
le brochet, la carpe, le barbeau, la brème, le goujon; enfin
quelques poissons qui habitent la mer, mais remontent les rivières à certaines époques, le saumon, l'alose, l'esturgeon.

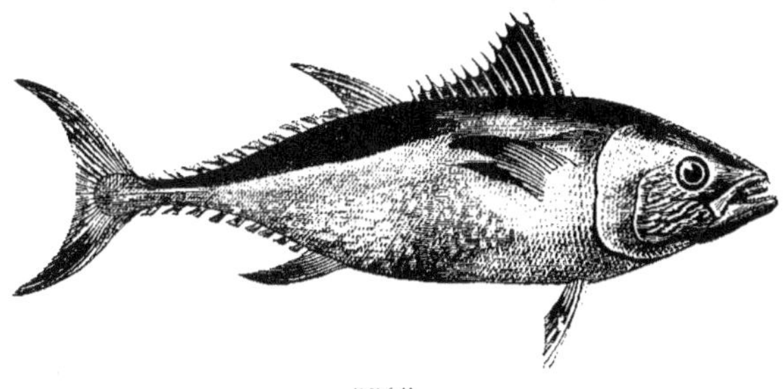

THON.

3° Les poissons très gras, d'une digestion très difficile, le
congre et surtout l'anguille d'eau douce, la murène, la lam-
proie.

La laitance ou laite est, dans beaucoup de poissons, un
manger délicat, nutritif; on estime celle des carpes, des maquereaux, des harengs, des aloses. On recherche le foie modérément cuit de la raie, de la morue, du brochet. Il en est de
même des œufs de la carpe et de la perche; mais ceux de brochet,
de tanche, de barbeau, de turbot doivent être rejetés, comme

occasionnant quelquefois des vomissements. On confit dans le sel les œufs du grand esturgeon du Volga, poisson ayant jusqu'à 5 mètres de long ; ils constituent alors le *caviar*, aliment très

ESTURGEON DU VOLGA.

employé en Russie et dont quelques variétés choisies s'expédient en Allemagne, en Angleterre et en France. Astrakan est le grand entrepôt du caviar.

4° Insectes, Crustacés, Mollusques, Zoophytes.

Les insectes ne se mangent que par exception ; la sauterelle d'Afrique est dévorée, il est vrai, par les animaux et par les hommes ; mais il est probable que c'est un repas fait autant par nécessité que par plaisir. Le seul produit alimentaire que nous retirions des insectes est le miel, dont il sera parlé au chapitre des aliments sucrés (voy. p. 157).

Il existe un certain nombre de crustacés comestibles. L'écrevisse la meilleure se pêche dans les eaux vives ; parmi les crustacés marins, on peut citer : les *salicoques*, vulgairement

SAUTERELLE COMESTIBLE D'AFRIQUE.
(Grandeur naturelle).

crevettes, dont les principales espèces sont la crevette à scie,

CREVETTES.

la squille et le crangon; les homards et les langoustes; enfin les crabes, dont on mange surtout deux espèces, le tourteau et l'étrille. La chair de tous les crustacés est savoureuse, ferme chez le homard et la langouste, mais toujours assez indigeste;

LANGOUSTE.

aussi a-t-on l'habitude de l'assaisonner fortement. L'écrevisse ou plutôt certaines variétés d'écrevisses produisent chez ceux qui les mangent, une sorte d'éruption accompagnée de démangeaisons : on l'a vue quelquefois occasionner un éternuement prolongé.

Les mollusques se digèrent beaucoup mieux lorsqu'on les mange crus : une fois cuits, ils sont aussi difficiles à digérer que les crustacés. Les anciens estimaient beaucoup le poulpe : aujourd'hui, la seiche et le calmar ne se mangent que dans les ports de mer : il en est de même des peignes, des clovisses, des bucardes, et du petit coquillage appelé *vignot*. Les seuls mollusques qui entrent pour une proportion notable dans l'alimentation générale sont l'huître, la moule et quelquefois l'escargot.

L'huître habite presque toutes les mers, près des côtes, dans les eaux peu profondes ; elle s'attache par l'une de ses valves aux objets divers et aux rochers. L'eau de mer qui la remplit permet de la transporter vivante à d'assez grandes distances. Nouvellement pêchées, les huîtres ont un goût désagréable, qu'on leur fait perdre en les parquant dans des réservoirs, profonds d'un mètre environ, garnis de gravier et dont l'eau se renouvelle régulièrement par l'action de la marée. On estime particulièrement l'huître anglaise ou de Hollande, désignée ordinairement sous le nom d'huître d'Ostende ; l'huître de Cancale, de dimensions moyennes, et très appétissante ; l'huître de Marennes, qui prend souvent une teinte verte. L'huître *pied de cheval*, ainsi nommée à cause de sa grande taille et de sa forme, abonde sur les côtes de Normandie : elle est moins délicate que les précédentes.

Les moules forment sur nos côtes des bancs considérables ; on les parque quelquefois comme les huîtres : c'est un aliment tendre, agréable, moins digestible que l'huître, parce qu'on les mange ordinairement cuites. Il est prudent de s'abstenir des huîtres, et surtout des moules, depuis le mois de mai jusqu'à la fin d'août : quelquefois, en effet, elles produisent à cette époque de l'année des accidents qui, sans être graves, sont effrayants. Deux ou trois heures après avoir mangé, on éprouve une vive douleur à l'estomac, une soif ardente, des vomissements, un mal de tête qui peut aller jusqu'au délire, une grande difficulté à respirer, enfin des spasmes et des convulsions. Bien que la cause de ces accidents ne soit pas parfaitement connue, on peut affirmer que le petit crabe contenu fréquemment dans les moules en est bien innocent; on doit les attribuer peut-être à certaines algues et surtout au frai d'astéries, mangés par les moules et les huîtres. On a parlé aussi du cuivre contenu dans les moules attachées aux flancs des navires : mais c'est là une circonstance toute particulière.

ACTINIE ŒILLET.

Toutes les espèces d'escargots sont comestibles; mais la meilleure est l'*hélice vigneronne* que l'on récolte en Bourgogne. On doit la laisser jeûner quelque temps et ne la manger que quand elle a pris ses quartiers d'hiver.

Parmi les zoophytes, nous trouvons comme alimentaires : 1° l'*actinie brune*, l'*actinie rousse* et surtout l'*actinie œillet de mer*, que l'on mange sur les côtes de la Méditerranée : ce sont des aliments gélatineux, indigestes et peu nutritifs; 2° quelques oursins, l'*oursin comestible* (Provence), l'*oursin melon* (Corse, Algérie); 3° quelques holothuries, l'*holothurie tubuleuse* (Naples), le *tripang* (Chine). Tous ces animaux sont indigestes et sans valeur nutritive.

CHAPITRE IV

Les matières alimentaires tirées des végétaux sont extrêmement nombreuses : nous les distinguerons entre elles d'après le principe dominant. Un chapitre sera consacré aux aliments végétaux riches en fécule, un autre à ceux qui contiennent du sucre, un troisième enfin aux aliments végétaux divers.

1° La matière amylacée.

Les aliments féculents jouent un rôle de premier ordre dans l'alimentation de tous les peuples. Chez nous, ils sont représentés par le pain, la pomme de terre, les légumineux, pois, haricots, lentilles, etc. ; les Indous et les Chinois font une énorme consommation de riz ; l'usage du maïs était répandu dans toute l'Amérique bien avant la découverte du nouveau monde ; les graines de sorgho sont en quelque sorte la base de la nourriture des Africains. Aussi, lorsque, par suite des circonstances atmosphériques, ces récoltes sont insuffisantes, les disettes et les famines les plus épouvantables se produisent aussitôt.

Quoique provenant de plantes très diverses, les aliments féculents doivent la majeure partie de leurs propriétés nutritives à une substance dont la composition est toujours la même

et à laquelle les chimistes ont donné le nom général de
matière amylacée. Elle se présente sous forme de petits
grains blancs, globuleux, microscopiques ou du moins très
petits, disséminés dans les tissus d'un grand nombre de végétaux. On la rencontre dans des parties végétales de nature
différente, dans les fruits du châtaignier, du sarrasin, des céréales, telles que le blé, le seigle, l'orge, l'avoine, le maïs, le

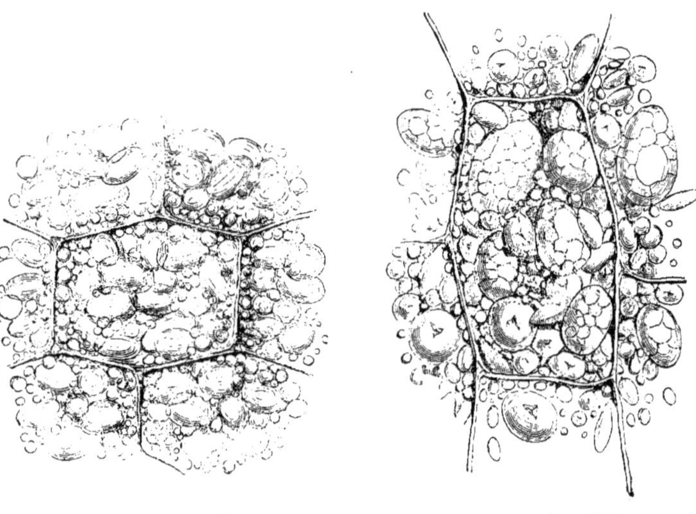

riz; dans les graines des légumineuses, pois, lentilles, fèves,
haricots; dans la tige de certains palmiers; dans les tubercules de la pomme de terre, de la patate; dans les racines
d'igname, de manioc, etc. En un mot, on peut trouver de la
matière amylacée dans tous les organes des plantes, à l'exception de ceux qui sont en voie de développement : elle est le produit d'un organisme arrivé à maturité.

Considérée au point de vue alimentaire, la matière amylacée,
qui ne contient pas d'azote, joue simplement le rôle de combustible, c'est-à-dire d'aliment capable de produire de la cha-

leur et de la force. Son rôle est donc analogue à celui de la
graisse : aussi peut-elle, quand elle est prise en excès, se transformer en graisse dans l'organisme ; les personnes qui mangent en abondance des aliments féculents engraissent en général. Seule, la matière amylacée est insuffisante pour la
nutrition : elle est toujours, il est vrai, associée dans les végétaux à une proportion plus ou moins grande de substances
albuminoïdes qui complètent jusqu'à un certain point son
pouvoir nutritif. Cependant un tel mélange ne saurait être regardé comme un aliment parfait ; il renferme toujours trop de

principes féculents par rapport aux matières azotées : l'homme
qui voudrait se nourrir uniquement de pain ou surtout de
pommes de terre serait obligé d'en absorber un poids considérable pour avoir dans sa ration la quantité suffisante d'aliments albuminoïdes. Ajoutons enfin que les deux principes
indispensables de l'alimentation se trouvent alors sous une
forme peu favorable à la digestion : l'albumine végétale se
digère en général moins aisément que la viande, et la matière
amylacée moins facilement que d'autres produits végétaux,
tels que le sucre. Dans un régime bien entendu, les aliments
féculents doivent être associés à la viande.

Les végétaux amylacés ne sont pas seulement employés en
nature : l'industrie en extrait souvent le principe nutritif, qui

prend alors des noms différents suivant les plantes d'où il a été tiré. La matière amylacée prend le nom d'*amidon*, lorsqu'elle provient des céréales ; la *fécule* se retire de la pomme de terre, le *tapioca* du manioc, le *sagou* du palmier des Moluques, l'*arrow-root* de la racine de maranta. L'origine de ces divers produits peut se reconnaître à la grosseur des grains : ceux de la fécule de pomme de terre, par exemple, ont environ un sixième de millimètre de diamètre, tandis que ceux de l'amidon de blé ont à peine un vingtième de millimètre, et ceux du millet un deux-centième de millimètre. Cette circon-

FÉCULE DE HARICOT.   FÉCULE DE POMMES DE TERRE.

stance permet de constater au microscope l'introduction frauduleuse de la fécule dans la farine de froment.

A part ces différences, la matière amylacée présente des caractères communs, dont les principaux sont les suivants. Elle ne se dissout aucunement dans l'eau froide : mais lorsqu'on la chauffe rapidement au contact de l'eau, tous ses grains, formés de couches concentriques qui rappellent la structure d'un oignon, s'exfolient et se dilatent de manière à occuper un volume vingt-cinq ou trente fois plus grand ; ils se collent alors les uns aux autres et donnent une masse d'une consistance particulière, qu'on nomme *empois d'amidon*. A cet état, la matière amylacée n'est pas dissoute, elle est simplement gonflée par l'action de l'eau chaude.

Les principes féculents peuvent se dissoudre dans l'eau, mais seulement après s'être modifiés et avoir changé de nature. Ils se transforment d'abord en une substance semblable à la gomme et qu'on nomme *dextrine*, puis en une matière sucrée, la *glucose* ou sucre de fécule. Nous citerons seulement deux circonstances où se produit cette transformation : ce sont la germination et la digestion. Quand une graine germe, la fécule qu'elle contenait passe à l'état de sucre, se dissout dans la sève et sert à la nutrition de la jeune plante. Le même effet se produit dans la digestion ; sous l'action de la salive ou du suc pancréatique, les principes féculents se transforment en sucre, deviennent solubles et peuvent dès lors pénétrer dans le sang. Ainsi pour la jeune plante aussi bien que pour l'animal, la fécule n'est réellement nutritive qu'après avoir été métamorphosée en sucre ; elle est donc d'une digestion plus difficile que ce dernier.

2° Les céréales.

Dès qu'un peu de terre apparaît sur une roche nue, on y voit pousser des brins d'herbe : ce sont les représentants d'une des familles végétales les plus nombreuses et les plus répandues, celle des *graminées*. Sous forme de gazons et de prairies, elles couvrent les vallées et les flancs des montagnes d'un tapis de verdure qui repose et charme la vue ; elles fournissent aux animaux domestiques de l'herbe pendant l'été, du foin pour l'hiver, et nous procurent ainsi de la viande ; la plante qui contient le plus de sucre, la canne, est une graminée ; enfin, chez tous les peuples, la culture la plus importante est presque toujours celle d'une de ces graminées, que l'on désigne sous le nom de *céréales* (de Cérès, déesse des récoltes), et qui four-

nissent les grains destinés à l'alimentation de l'homme et des
animaux. Suivant les climats et les terrains, on choisit celles
qui peuvent le mieux prospérer et donner les plus abondantes
récoltes : ici, on cultive le blé, le seigle ; là, l'orge ou l'avoine ;
ailleurs, le maïs, le riz, selon que le sol est plus ou moins
fertile, plus ou moins humide, et que les saisons sont plus ou
moins chaudes.

LE BLÉ ET LA FARINE

La plus précieuse de toutes ces plantes est le blé : ses grains
contiennent de l'amidon, un peu de sucre et une proportion
de matière albuminoïde plus considérable que les autres céréales ; ce principe y possède, en outre, une consistance et une
ténacité particulières qui lui ont valu le nom de gluten, et qui
permettent de transformer la farine de froment en un pain
léger et nutritif à la fois.

Soumis à la culture depuis un temps immémorial, le blé a
subi sous son influence de telles variations, que les agricul-
teurs en comptent les variétés par centaines. Toutes pro-
viennent-elles d'une même espèce sauvage, aujourd'hui dis-
parue, ou bien faut-il admettre l'existence de plusieurs espèces
primitives? C'est là une question sur laquelle les botanistes ne
sont pas d'accord. On le comprend aisément, car on observe
dans les blés cultivés des différences considérables sous beaucoup de rapports. Les *blés barbus* et les *blés sans barbes* se
reconnaissent à l'aspect de l'épi. La culture distingue les *blés
de mars*, qui se sèment au printemps, et les *blés d'hiver*, que
l'on confie à la terre dès l'automne. A un autre point de vue,
on peut faire dans les blés deux grandes divisions : celles des
froments proprement dits, dont le grain se sépare aisément de
la balle par le battage, et celle des *épeautres*, dont le grain
adhérant à la balle ne peut en être séparé que par une action

mécanique. Enfin, sous le rapport alimentaire, il y a une

LE BLÉ.

1, épi de blé sans barbes. — 2 et 3, tiges et épi de blé barbu.

grande différence entre les *blés tendres*, dont le grain renferme surtout de l'amidon, et les *blés durs*, qui ont un grain corné, presque transparent et très riche en matières albuminoïdes.

Un grain de blé n'est pas simplement une graine, c'est un fruit complet; aussi trouve-t-on : 1° à l'extérieur, un certain nombre d'enveloppes, dont l'une est colorée en jaune; 2° à l'intérieur, un noyau farineux ayant son enveloppe spéciale et entouré d'une couche de cellules dépourvues d'amidon; à l'une des extrémités du grain est l'embryon végétal qui doit se développer par la germination et produire une plante nouvelle.

C'est dans le noyau que se rencontrent les éléments nutritifs du grain; aussi, pour les isoler, faut-il broyer celui-ci et déchirer les enveloppes qui l'entourent; leurs fragments forment le *son* et peuvent être séparés par un tamisage de la poudre blanche ou *farine*, que fournit la trituration du noyau. La portion centrale de ce dernier est la plus tendre; elle donne une farine très blanche, formée presque exclusivement d'amidon et peu nourrissante : c'est la *fleur de farine*. La zone moyenne du noyau est plus dure, donne une farine un peu moins blanche, mais plus riche en matières albuminoïdes nutritives; mélangée à la précédente, elle fournit la farine à pain blanc. Quant aux portions les plus externes de la masse centrale, elles sont encore plus dures, et adhèrent aux enveloppes : il est difficile de les en séparer complètement; aussi ne donnent-elles que du pain bis. Le son en retient donc une certaine quantité, conserve des propriétés alimentaires et peut être utilisé pour la nourriture des animaux.

Les premiers hommes ont dû, comme le font encore beaucoup de peuplades, moudre le grain entre deux pierres, dont l'une repose sur le sol pendant que l'autre est manœuvrée à la main. Ce moyen grossier n'a eu besoin que d'être perfectionné; c'est le principe de nos moulins à farine. Ils sont formés

essentiellement de deux pierres dures (*pierre meulière*), de
forme circulaire, que l'on nomme *meules :* celle du dessous,
M', est fixe et s'appelle *meule dormante.* Elle est percée d'un trou,
muni d'une garniture dans laquelle passe un arbre vertical B qui
supporte la seconde meule, ou *meule courante.* Celle-ci n'a d'autre point d'appui que l'arbre auquel elle est solidement fixée et
qui l'entraîne dans son mouvement de rotation : elle doit donc
être parfaitement équilibrée, afin que la distance des deux meules soit partout la même. Le grain qui doit être passé au moulin
arrive dans une trémie, tombe peu à peu dans une ouverture
centrale de la meule courante et s'engage entre les deux

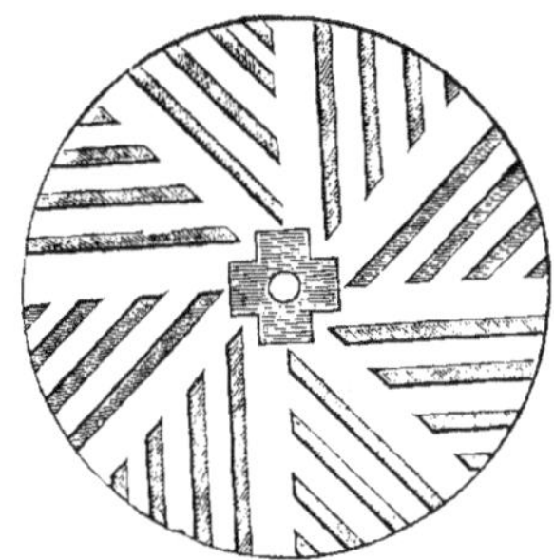
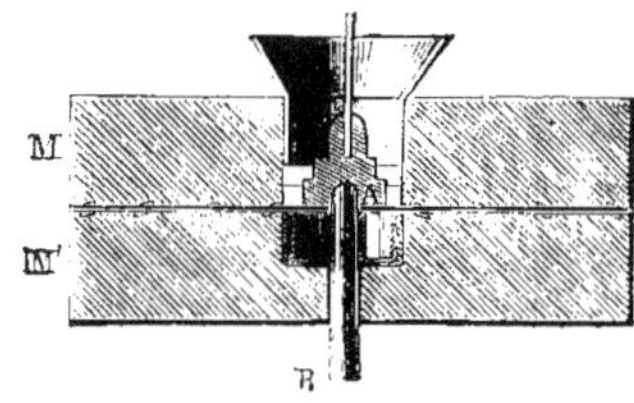

MEULE DE MOULIN.   DISPOSITION DES MEULES D'UN MOULIN.

meules. La meule courante tend à entraîner chaque grain dans
son mouvement de rotation, et, comme il n'existe qu'une faible
distance entre les deux meules, le grain est broyé et entraîné à
la fois. Le mélange de son et de farine s'éloigne du centre en
même temps qu'il tourne, finit par sortir de l'intervalle des
meules et vient se déposer dans un trou destiné à le recevoir.
Il est ensuite conduit dans les appareils de tamisage destinés à
opérer la séparation de la farine et du son.

Les meules sont en pierre siliceuse très dure : on recherche dans le monde entier celles de La-Ferté-sous-Jouarre.
Quelquefois elles sont d'un seul morceau ; le plus souvent, pour
éviter tout défaut dans la pierre, on aime mieux les faire de

plusieurs morceaux liés entre eux avec du plâtre et consolidés par des cercles de fer. Dans les anciens moulins, le diamètre d'une meule était de 1^m,80 à 2 mètres. Aujourd'hui, dans les moulins dits à *l'anglaise*, les meules n'ont que 1^m,30 de diamètre. Leur surface est piquée avec un outil très dur, et présente des sillons destinés à faciliter leur action sur le grain.

Deux procédés de mouture sont employés. Dans la *mouture française*, le mélange qui sort des meules est séparé dans une sorte de tamis, appelé *blutoir*, en farine blanche et fine, en grains plus gros, ou *gruaux*, et en gros son. Les gruaux, passés entre des meules plus rapprochées, donnent par un second blutage une nouvelle quantité de farine et de seconds gruaux. Ceux-ci fournissent à leur tour de la farine bise et des *issues* ou *recoupes*. Quand on opère par la méthode de *mouture anglaise*, on se sert de meules plus rapprochées, de manière à triturer complètement le grain en une seule opération : on emploie ensuite un blutoir, muni de gazes de soie dont les mailles ont des finesses différentes, T, T', T'', et qui séparent le produit de la mouture en farine fine, grosse farine, petit son et gros son. Les meules étant plus serrées et marchant plus vite, le grain s'échauffe pendant la mouture et doit passer par un *refroidisseur* avant d'être soumis au blutage.

Les résultats comparés de ces deux moutures, obtenus avec 100 kilogrammes de blé, sont à peu près les suivants :

	Mouture.	
	Anglaise.	Française.
Farine de première qualité........	58	66
— deuxième —	14	8
Gros et petit son................	26	23
Déchet........................	2	3
	100	100

Quand on tient plus à la quantité qu'à la blancheur de la farine, on s'arrange de façon à ne séparer par le blutage qu'une moins grande proportion de son : on dit qu'une farine est

blutée à 10 ou 15 pour 100, quand on n'a retiré de 100 kilogrammes de grains soumis à la mouture que 10 ou 15 kilogrammes de son. Le pain obtenu avec de telles farines est gris,
mais de bonne qualité et nourrissant. Quelquefois même on
broie parfaitement le grain, de manière à le réduire complè-

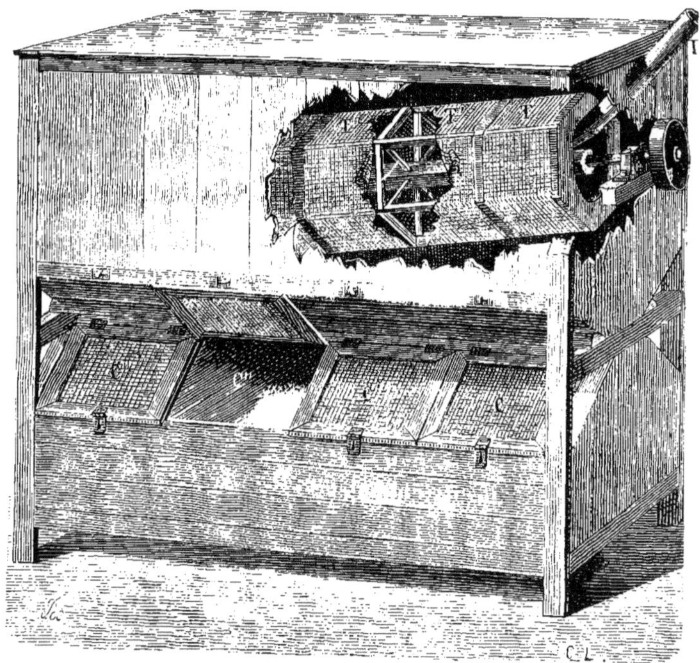

BLUTOIR A FARINE.

tement en farine, et à le faire entrer tout entier dans la composition du pain ; celui-ci est alors fortement coloré.

La qualité de la farine dépend de celle du blé dont elle provient, de la manière dont elle a été fabriquée, des procédés
employés à sa conservation, enfin du temps écoulé depuis la
mouture. Une bonne farine est d'un blanc légèrement jaunâtre, d'une odeur et d'une saveur particulières, douce au
toucher ; elle forme une espèce de pelote, quand on la com-

prime dans la main et donne une pâte très élastique par l'addition du tiers de son poids d'eau. L'expérience suivante, que tout le monde peut répéter, fournit des renseignements précieux sur la qualité et la quantité du gluten que contient une farine, et, par suite, sur sa valeur alimentaire.

Prenez-en une certaine quantité, réduisez-la par le pétrissage avec l'eau en une pâte épaisse, et, quand celle-ci sera bien formée, pétrissez-la entre les doigts sous un léger filet d'eau, que vous recevrez dans une terrine recouverte d'un tamis. Le liquide qui s'écoule est d'un blanc laiteux : il entraîne, en effet, l'amidon contenu dans la pâte et le laisse déposer, au bout de quelque temps, sous la forme d'une poudre blanche qui se rassemble au fond de la terrine. Si vous continuez l'opération jusqu'à ce que l'eau qui s'écoule entre les doigts paraisse limpide, il vous restera dans la main une masse grisâtre, molle et très élastique : c'est le gluten du blé. Il peut s'étirer, s'allonger comme du caoutchouc, si la farine employée est de bonne qualité et de fabrication récente. Abandonné à lui-même, le gluten ne tarde pas à pourrir, en dégageant une odeur infecte analogue à celle de la viande gâtée. Il a, en effet, une composition identique à celle des matières animales, et ressemble par ses propriétés à la partie solide de la chair, aux fibres de la viande : aussi l'appelle-t-on quelquefois *fibrine végétale*.

Pour juger de la qualité d'une farine, il faut d'abord déterminer le poids du gluten obtenu et examiner ensuite ses caractères. Avec les farines mal fabriquées ou échauffées, le gluten est grenu, se rassemble difficilement dans la main et, pendant sa préparation, est entraîné par l'eau sur le tamis où elle tombe. La coloration du gluten permet de reconnaître si la farine de blé a été mélangée avec d'autres. Une teinte noire indique l'addition du seigle ou du sarrasin; le gluten devient rougeâtre par le mélange de farine d'orge; jaune noirâtre avec l'avoine; jaune avec le maïs. Enfin, quand la farine de blé est mélangée de farine de féveroles, le gluten ne se lie plus : il reste tellement divisé qu'il peut passer au travers des mailles du tamis.

L'opération très simple qui vient d'être décrite permet d'extraire le principe le plus important de la farine, le gluten : c'est dans ce but qu'on l'exécute ordinairement. Mais elle nous fournit en outre un moyen de séparer les divers éléments d'une farine, d'en faire l'analyse, comme disent les chimistes. L'eau de lavage obtenue dans la préparation du gluten laisse déposer, après quelque temps de repos, une matière pulvérulente blanche ; elle s'agglomère d'elle-même et devient assez cohérente pour qu'on puisse isoler le dépôt en vidant l'eau qui le recouvre. On n'a qu'à le laisser lentement se dessécher, et l'on obtient l'amidon, c'est-à-dire le principe amylacé de la farine. Quant à l'eau, on pourrait l'évaporer par l'action de la chaleur : elle laisserait un résidu formé de dextrine (amidon soluble) et de sucre.

On reconnaît ainsi que la farine contient de l'amidon, du gluten, du sucre; mais ce n'est pas tout. Si on la brûlait, il resterait des cendres dans la proportion de 8 à 9 décigrammes pour 100 grammes de farine. Chose remarquable, elles ont la même composition que la matière minérale des os, et, par conséquent, le pain de blé employé comme aliment fournit les substances pierreuses nécessaires à la construction de notre squelette.

Le tableau suivant donne une idée de la composition moyenne de 100 grammes de farine de blé.

NATURE de la FARINE.	EAU.	GLUTEN.		AMIDON.	SUCRE et DEXTRINE.	SON.
		SEC.	HUMIDE.			
	gr.	gr.	gr.	gr.	gr.	gr.
Blé de bonne qualité.	10	11	20	71	8	0
Blé dur d'Odessa....	12	11.5	29	56,5	13	3
Blé tendre d'Odessa..	10	12	33	62	13	1
Boulangers de Paris..	10	10	30	73	7	0

On voit donc qu'une bonne farine contient de 10 à 11 pour 100 de gluten, 70 pour 100 d'amidon, 7 à 8 pour 100 de sucre et de dextrine, sans compter l'humidité et les matières minérales.

On consomme dans l'industrie une assez grande quantité de farine pour la fabrication de l'amidon. Deux procédés sont employés. Le plus souvent on délaye la farine dans des eaux in-

AMIDONNIÈRE.

fectes provenant d'opérations précédentes, et on abandonne le mélange à lui-même. Le gluten entre en putréfaction et se détruit en produisant des émanations pestilentielles; l'amidon résiste à la destruction et se dépose au fond des bassins. On le lave à plusieurs reprises, on le fait égoutter, enfin on le dessèche. Ce procédé, éminemment insalubre, entraîne en outre la perte d'une quantité considérable de matière nutritive. Il serait à désirer qu'il fût partout remplacé par la méthode dite de lavage. Dans celle-ci, on arrive par un moyen mécanique à séparer le gluten et l'amidon, ainsi que nous l'avons fait pour l'analyse de la farine. La pâte, placée dans une *amidonnière*, est pétrie sous un filet d'eau par un cylindre cannelé : l'eau entraîne l'amidon, et s'écoule à travers la toile métallique qui forme le fond de l'amidonnière. Le gluten reste et sert à la fabrication des pâtes à vermicelle et à macaroni.

LE PAIN.

Le pain est l'aliment fondamental de tous les peuples de l'Europe, et particulièrement des Français. C'est sous cette forme que les propriétés nutritives du blé peuvent être le mieux utilisées. Le pain se digère plus facilement, en effet, que les bouillies obtenues en faisant cuire avec de l'eau les graines de céréales, ou que les galettes massives que l'on prépare avec les farines réduites en pâte. Il est caractérisé par une légèreté et un état spongieux résultant des nombreuses bulles qui remplissent la mie. Les Égyptiens paraissent devoir être regardés comme les inventeurs des procédés de fabrication du pain : ils étaient employés chez eux depuis une haute antiquité ; Moïse dit, en effet, que les Égyptiens avaient tellement pressé les Hébreux de partir, qu'ils ne leur avaient pas laissé le temps de *mettre le levain dans la pâte*. Les Grecs, qui avaient de nombreux rapports avec l'Égypte, apprirent le moyen de faire le pain, le perfectionnèrent et le firent plus tard connaître aux Romains. Ceux-ci abandonnèrent alors l'usage des bouillies, si répandu jusque-là dans leurs armées, et se nourrirent presque exclusivement de pain. L'usage en pénétra peu à peu chez tous les peuples lors de la conquête romaine.

Pour obtenir du pain et non une galette épaisse, il faut deux choses : 1° développer au sein même de la pâte une multitude de petites bulles gazeuses qui la dilatent et la rendent plus légère ; 2° employer une pâte élastique, qui ne se déchire pas sous l'action expansive de ces bulles et les retienne emprisonnées. Le gluten donne à la pâte l'élasticité nécessaire : aussi ne peut-on faire de pain qu'avec les céréales riches en gluten, comme le blé, le seigle, l'orge, l'avoine. Le blé est celle qui convient le mieux ; les autres ne peuvent guère être employées que mélangées avec lui ; le maïs ou le riz sont tout à fait impropres à cet usage. Quant à la production des bulles de gaz au milieu de la pâte, on l'obtient en provoquant la fermentation du sucre renfermé dans la farine. Nous verrons, à propos de la fabrication du vin (p. 190), comment le sucre se transforme sous l'action des ferments en alcool et en gaz acide carbonique. Si cette fermentation s'opère dans la masse d'une pâte élastique, les bulles d'acide carbonique y restent enfermées et font *lever* la pâte ; elles se dilatent ensuite par la chaleur du four et donnent au pain sa structure spongieuse.

Ces principes étant posés, les opérations relatives à la panification se comprennent aisément ; ce sont : la fabrication de la pâte et sa cuisson. Pour faire la pâte, on ajoute à la farine la quantité convenable d'eau, un peu de sel, et une matière nommée *levain*, capable de produire la fermentation du sucre. On emploie deux espèces de levains : le *levain de pâte*, qui consiste en une certaine quantité de pâte provenant des opérations précédentes, et qui s'est légèrement aigrie ; la *levûre de bière*, dont l'action est plus rapide et plus énergique. Dans les boulangeries des villes, on a recours assez souvent à l'intervention simultanée des deux levains. Les différentes matières qui entrent dans la confection de la pâte doivent être intimement mélangées par le *pétrissage* : à cet effet, on bat la pâte, on la presse, on l'étend, on la replie, on la soulève et on la laisse retomber ; plus elle est travaillée, plus le pain a une belle apparence.

Dans les ménages, à la campagne, ou dans les boulangeries peu importantes, le pétrissage s'opère à bras d'homme : un préjugé assez répandu attribue même une qualité supérieure au pain fabriqué de cette façon. Le pétrissage mécanique est certainement préférable sous le rapport de la propreté, et ne laisse rien à désirer quant à la qualité du produit obtenu. Dans le pétrin Boland, par exemple, une auge de forme demi-cylindrique contient la pâte ; des bras en fer, mus par un homme ou par une machine, lui donnent toutes les façons nécessaires.

La pâte étant convenablement pétrie, on procède à la divi-

PÉTRIN MÉCANIQUE BOLAND.

sion en pâtons et à la pesée : il faut compter sur un déchet de 10 à 14 pour 100 pendant la cuisson ; cela varie d'ailleurs avec la grosseur, la forme des pains et le degré de cuisson. Chaque portion de pâte est mise dans un panier de forme convenable, nommé *paneton*, que l'on saupoudre de farine pour empêcher l'adhérence. On abandonne le tout dans un endroit dont la température est de 15 à 20 degrés ; la fermentation du sucre se produit, les bulles d'acide carbonique se forment et gonflent la pâte qui augmente de volume : on dit que *la pâte lève*.

Quand la pâte est bien levée, on renverse la corbeille qui la contient sur une longue pelle en bois, dite *pelle à four* : celle-ci reçoit la pâte qui a pris la forme du paneton, et sert à l'introduire dans le four.

Le four ordinaire consiste en une sorte de chambre F de 35 à 40 centimètres de hauteur, dont le sol est carrelé et dont le plafond est formé d'une voûte très surbaissée. Une ouverture, qui peut être fermée par une porte en fer, sert à l'introduction du combustible ou de la pâte, quelquefois même à la sortie de la fumée, qui se rend dans une cheminée. On commence par faire dans le four un feu clair de bois de tremble

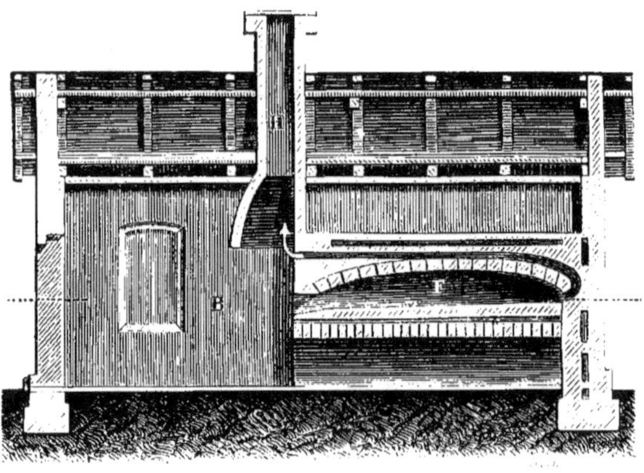

FOUR ORDINAIRE.

ou de bouleau bien sec ; quand la température des parois a atteint 300 degrés à peu près, on retire les résidus de la combustion du bois qui, éteints dans un étouffoir, constituent la braise. C'est à ce moment que l'on enfourne rapidement les portions de pâte, en les rangeant sur le sol du four.

Immédiatement, les bulles d'acide carbonique, dont la pâte est remplie, se dilatent par la chaleur et la soulèvent ; en même temps, la surface des pains, saisie par la chaleur, se durcit en se desséchant, forme la croûte et soutient la pâte pendant sa cuisson. Celle-ci est terminée, au bout d'un temps qui varie d'une demi-heure à une heure, suivant la dimension

des pains. La croûte a pris une belle couleur jaune doré sous
l'action d'une température de 200 degrés à peu près ; l'intérieur de la masse, chauffé à 100 degrés seulement, reste à l'état
de mie.

On remplace aujourd'hui dans beaucoup de boulangeries
les fours ordinaires par des fours chauffés au moyen d'un foyer
extérieur. Tel est le four Rolland, que l'on peut chauffer au
bois, au coke ou à la houille. Les pains sont placés sur une

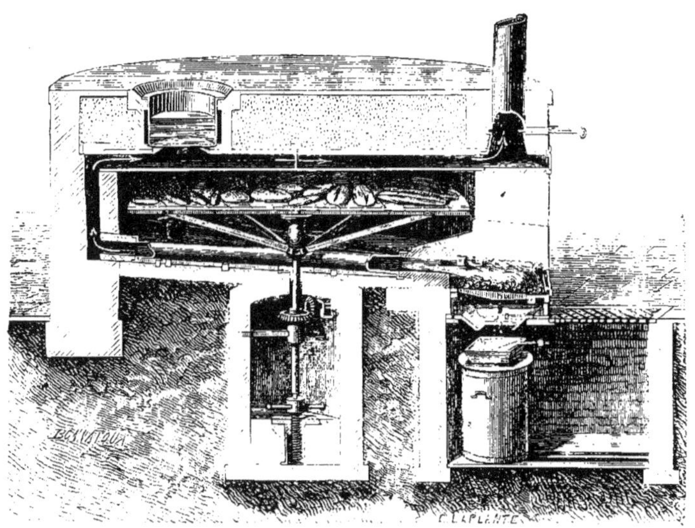

FOUR ROLLAND.

plateforme en fer, recouverte de carreaux de briques et qui
peut tourner autour d'un axe vertical ; dans sa rotation, elle
amène successivement les pains dans les différentes régions du
four, quelquefois inégalement chaudes, et rend ainsi la
cuisson plus régulière. Chaque cuite dure 25 minutes ; on
peut en faire au moins une vingtaine par jour, et on réalise
une grande économie sur le combustible ; les pertes de chaleur sont, en effet, beaucoup moindres dans un four qui fonctionne sans interruption.

La quantité de pain que l'on obtient avec un même poids de farine dépend du degré de cuisson : on peut compter que 100 kilogrammes de farine donnent 130 kilogrammes de pain bien cuit et jusqu'à 145 kilogrammes de gros pain peu cuit. En général, la croûte représente environ le cinquième du poids du pain, et la mie, les quatre cinquièmes. Cependant cette proportion change avec les habitudes locales : dans certaines villes, on fait du pain qui renferme près de 40 pour 100 de croûte, c'est-à-dire les deux cinquièmes de son poids.

Après vingt-quatre heures environ de fabrication, le *pain frais* change de structure et devient du *pain rassis*. Il ne faudrait pas croire qu'il se dessèche pendant cette transformation; il absorbe au contraire l'humidité atmosphérique et augmente très légèrement de poids. On croit généralement que le pain rassis est plus nutritif et se digère mieux que le pain frais; mais ce fait n'est nullement prouvé. D'autres personnes pensent que le pain rassis est plus économique, parce qu'on en mange moins : leur raisonnement est exact, à la condition toutefois qu'en diminuant la ration de pain on ne soit pas obligé d'augmenter celle des autres aliments. Quant à l'économie qui consiste à introduire dans le pain des pommes de terre, des féveroles ou d'autres matières moins nutritives que le blé, elle est tout à fait illusoire. Ces mélanges sont condamnables, lorsqu'ils sont faits par les boulangers dans le but d'augmenter les bénéfices de leur fabrication.

LE BISCUIT, LES PATES ALIMENTAIRES

La farine du blé est employée à beaucoup d'autres usages alimentaires. Nous ne parlerons pas ici des pâtisseries dans lesquelles on fait entrer, en proportions variables, de la farine, du beurre, des œufs, du sucre et des aromates divers : le moindre inconvénient de la plupart, surtout pour les enfants, est d'être d'une digestion difficile, à cause de la matière grasse dont la farine est complètement enveloppée.

Le *biscuit de troupes* ou *de mer*, à l'usage des matelots et des soldats en campagne, est confectionné avec de la farine de très bonne qualité (du moins en France). On la pétrit avec fort peu d'eau, et on obtient ainsi une pâte épaisse, que l'on roule et que l'on découpe en tablettes carrées. Celles-ci sont percées de trous pour faciliter la sortie des gaz pendant la cuisson et éviter le boursouflement. On les cuit d'abord pendant 25 minutes dans des fours très bas et dont la température est peu élevée ; puis, afin d'assurer leur conservation, on les soumet à une dessiccation complète dans une étuve.

La *semoule* est obtenue en soumettant le blé dur à une mouture légère : la grosse farine obtenue est séparée au blutoir en son, en farine fine et en semoule.

Dans la fabrication du *vermicelle*, du *macaroni* et autres pâtes dites d'Italie, on emploie également des farines riches en gluten, tantôt de la farine de blé dur, tantôt de la farine ordinaire additionnée de gluten provenant des amidonneries. On en fait, avec le quart de son poids d'eau, une pâte très épaisse que l'on pétrit par des moyens mécaniques. Cette masse est introduite dans un cylindre en fer percé de trous à la partie inférieure et chauffé à la vapeur : un piston mû par une presse hydraulique agit sur la pâte et la force à sortir sous forme de fils par les trous du cylindre ; un courant d'air les dessèche suffisamment pour leur donner de la consistance. Des femmes disposent alors les fils en petits écheveaux et les font sécher à l'étuve. Dans la fabrication du macaroni, la pâte sort par des trous circulaires au centre desquels est une baguette d'acier : il se forme ainsi un tube que l'on traite de la même façon que le vermicelle. Ces pâtes, pour être de bonne qualité, doivent contenir beaucoup de gluten ; on peut alors les faire cuire dans l'eau sans qu'elles se délayent.

LE SEIGLE

Les anciens connaissaient le seigle, mais il est probable qu'ils en faisaient peu de cas. Olivier de Serres, le grand agronome du seizième siècle, n'en dit qu'un mot : il habitait, à la vérité, le midi de la France, tandis que le seigle est plutôt une plante du Nord. On le cultive parce qu'il donne, après le blé, la meilleure farine, la plus propre à faire du pain. Il pousse d'ailleurs dans des terres où le blé ne peut croître, craint moins les gelées d'hiver et arrive plus promptement à maturité. Dans quelques pays, on sème en même temps ces deux céréales mêlées en diverses proportions : c'est le *méteil*. Cette réunion des deux grains présente un inconvénient, puisqu'ils ne mûrissent pas tout à fait en même temps.

La farine de seigle est moins blanche que celle de froment : l'enveloppe du grain est d'un brun grisâtre ; elle se broie en partie et colore la farine. Celle-ci absorbe facilement l'humidité ; si l'on en met dans la bouche, elle se colle comme de la pâte. Le pain de seigle est brun, d'une saveur et d'une odeur agréable ; les animaux, et particulièrement les chevaux, en sont friands. Au sortir du four, ce pain n'est pas bon à manger : il est indigeste. On doit, pour en faire usage, attendre au moins un jour ou deux ; ce qui est facile, car il se conserve frais pendant longtemps. Le plus souvent, le seigle est mélangé de blé pour la fabrication du pain : quelquefois on l'associe, en outre, à l'orge et au riz.

Le seigle peut être employé à la fabrication de la bière : il sert dans le nord de l'Europe à la préparation de l'eau-de-vie de grains, dite eau-de-vie de genièvre, parce qu'elle est aromatisée avec cette baie.

La paille de seigle est recherchée pour faire des liens, des couvertures en chaume, pour empailler les chaises et confectionner des chapeaux.

Cette plante est sujette à plusieurs maladies et, particulièrement à celle qui est appelée *ergot* : le grain malade est
remplacé par une sorte d'excroissance noirâtre qui ressemble
grossièrement à l'ergot d'un coq. Le mélange d'une petite

ÉPI D'ORGE.   ÉPI DE SEIGLE.

quantité de seigle ergoté dans les grains destinés à l'alimentation peut occasionner les plus graves accidents. Plusieurs épidémies désastreuses, notamment celle qui fut désignée sous
le nom de *Mal des ardents* ou de *Feu de Saint-Antoine*,

n'avaient probablement pas d'autre cause. Les malheureux périssaient rongés par une gangrène qui envahissait peu à peu tous les membres.

L'AVOINE ET L'ORGE

Ces deux céréales sont peu employées, au moins en France, à la nourriture de l'homme.

La pâte de farine d'orge est plus courte, moins élastique et moins blanche que celle de blé. Le pain qu'elle fournit est lourd, massif : quelques personnes le regardent comme nourrissant, parce qu'il charge l'estomac et se digère difficilement. Il résiste à l'action des sucs digestifs : aussi dit-on *grossier comme du pain d'orge*, d'un homme dont la nature sauvage ne se laisse pas entamer par les principes de l'éducation.

On fait quelquefois subir à l'orge certaines préparations : elles consistent à humecter les grains et à les soumettre ensuite à l'action de meules assez espacées l'une de l'autre pour qu'ils ne soient pas écrasés. En opérant de manière à enlever simplement la pellicule, on obtient l'*orge mondée ;* si la masse farineuse roulée entre les meules acquiert la forme de petites boules et une surface polie, elle prend le nom d'*orge perlée*.

Le principal usage de l'orge est de servir à la fabrication de la bière. (Voyez plus loin.)

Le pain d'avoine est encore inférieur, comme qualité, au pain d'orge. Il est noir, compact, d'un goût amer et d'une digestion difficile : il s'altère en outre rapidement. Cependant, au dire de Pline, les Germains, et nos ancêtres les Gaulois, si solides et si vigoureux, vivaient en grande partie de bouillie d'avoine. On améliore beaucoup la qualité de ces produits en employant, pour fabriquer la farine, le *gruau d'avoine*, c'est-à-dire l'avoine mondée et bien dépouillée de son épiderme.

L'avoine est employée à la nourriture des animaux, et surtout des chevaux. L'avidité avec laquelle ils la recherchent tient peut-être à ce que son enveloppe contient un principe aromatique ayant une odeur de vanille. Malheureusement, les grains d'avoine sont un peu durs : les vieux chevaux les mâchent difficilement. Ils en rendent la plus grande partie à l'état où ils les ont pris, puisqu'on voit alors souvent les grains germer et se développer. L'orge convient mieux, sous ce rapport, à la nourriture des animaux.

La balle d'avoine est douce et souple : aussi la choisit-on pour les paillasses des enfants au berceau.

LE MAÏS

Le maïs, appelé vulgairement *blé de Turquie*, est, suivant certains auteurs, originaire de l'Amérique; d'autres prétendent qu'il était connu, en Europe, avant la découverte du nouveau monde : on en aurait même trouvé des grains dans un cercueil de momie égyptienne. Mais ce qui est certain, c'est que le maïs était cultivé et utilisé dans toute l'Amérique quand les Européens y débarquèrent : Cortès cite le sucre de tiges de maïs parmi les produits du Mexique.

On cultive le maïs surtout dans l'Europe méridionale. Les Italiens le mangent à l'état de bouillie ou *polenta*, et sous forme d'une galette cuite au four, appelée *milias*. Son usage est également répandu dans plusieurs parties de la France : en Franche-Comté, la farine de maïs est désignée sous le nom de *gaude*.

Considéré au point de vue des principes nutritifs qu'il contient, le maïs diffère des autres céréales par une forte proportion de matières grasses; aussi est-il précieux non seulement pour la nourriture, mais encore pour l'engraissement des bestiaux et des volailles. Les oies, les poules, les pigeons en sont très avides ; il les engraisse tellement, qu'on est obligé d'en interrompre l'usage à l'époque de la ponte.

Dans quelques parties de l'Amérique, on récolte les épis avant la maturité, et l'on se nourrit du suc laiteux qu'ils contiennent alors et qui est très sucré. Chez nous, les enfants s'amusent à manger les grains de maïs encore verts : ils mettent les épis sous la cendre ou devant le feu, et attendent que la chaleur, faisant éclater les grains, les ait épanouis en forme

de fleur. Récoltés même à l'état de parfaite maturité, les épis de maïs conservent un excès d'humidité, que l'on fait disparaître, dans certains pays, en les mettant pendant quelques heures dans un four modérément chauffé. Cette pratique semble présenter un autre avantage : quelques médecins attribuent à l'usage du maïs le développement d'une maladie redoutable que l'on appelle la *pellagre* ; il est reconnu qu'on ne l'a jamais constatée dans les pays où le maïs est passé au four.

La farine de maïs est d'un beau jaune pâle, d'une saveur agréable. Elle est très riche en amidon et en principes gras, mais pauvre en gluten ; aussi est-elle impropre à la fabrication d'un pain bien levé. Il faut, si l'on veut en faire du pain, se contenter de l'ajouter à la farine de blé dans la proportion d'un tiers ou même seulement d'un quart. La véritable manière de consommer le maïs est d'en faire une bouillie ; on l'obtient en faisant cuire la farine avec de l'eau salée ou mieux encore avec du lait.

Les Indiens des Cordillères fabriquent avec le maïs, qu'ils font tremper et fermenter, une sorte de boisson, nommée *chica*. Elle est fortement alcoolique ; mais, comme ils la boivent trouble et après avoir eu soin d'agiter le vase où ils l'ont fabriquée, la chica sert en même temps d'aliment et de boisson aux habitants des plateaux des Andes.

Les feuilles du maïs constituent un bon fourrage ; ses tiges contiennent, surtout dans les pays chauds, une sève fortement sucrée, et peuvent servir à la fabrication du sucre. Dans nos pays, on utilise à la confection des paillasses les larges feuilles qui enveloppent les épis.

LE RIZ

Le riz est une graminée des pays chauds et humides : sa culture réussit surtout lorsque le terrain peut être facilement inondé. On opère de cette façon dans les rizières du Piémont, et l'on augmente la hauteur de l'eau qui couvre le sol à mesure que la plante grandit : on ne vide la rizière que quand la paille jaunit et que les grains approchent de la maturité.

Le grain de riz est d'un blanc parfait après l'enlèvement des balles. Sa farine est recherchée, sous les noms de *crème de riz* et de *poudre de riz*, à cause de sa blancheur. Riche en fécule, le riz n'en est pas moins, au point de vue alimentaire, la plus pauvre des céréales : il ne contient, en effet, qu'une proportion très minime de gluten ; aussi est-il absolument impropre à la fabrication du pain. Il constitue cependant, pour ainsi dire, la base de la nourriture des Indous : les castes inférieures seules mangent de la viande. Il est vrai de dire que les mangeurs de riz compensent la qualité par la quantité : il faut les avoir vus manger pour se faire une idée de l'énorme quantité de riz qu'ils engloutissent dans leur estomac ; il serait absolument impossible à un Européen d'en absorber autant à la fois.

Employé dans l'alimentation, le riz peut rendre de grands

services, lorsqu'on l'associe à des matières riches en principes nutritifs azotés ou plastiques, à la viande par exemple. Le *pilau* des Orientaux est un aliment de cette espèce ; il est formé de riz, de volaille coupée en morceaux et assaisonnée avec du sel et du safran.

On fabrique avec le riz une eau-de-vie, appelée *arac* ou *rac :* enfin la paille de ce végétal est utilisée, sous le nom de paille d'Italie, à la fabrication des chapeaux.

LE SARRASIN

Le sarrasin, cultivé en Bretagne, dans le Morvan et dans

SARRASIN OU BLÉ NOIR (PORTION DE TIGE ET FRUIT).

quelques autres parties de la France, n'est pas une céréale, en ce sens qu'il ne provient pas d'une plante graminée ; mais dans les pays d'un climat doux et d'un sol peu fertile il rend, sous le nom de *blé noir*, des services incontestables pour l'alimentation. Sa graine, de forme triangulaire, contient beaucoup de fécule : la farine qu'on en retire est impropre à la panification, mais peut servir à la préparation de bouillies ou de galettes. On emploie également de grandes quantités de sarrasin à la nourriture des bestiaux, et surtout à l'élevage des volailles.

3° Les graines légumineuses.

Les graines légumineuses employées à la nourriture de l'homme sont les pois, les haricots, les lentilles et les fèves de marais ; quant aux féveroles et aux vesces, elles ne servent que pour les animaux, à cause de leur saveur trop prononcée.

Toutes ces plantes appartiennent à la grande famille végétale des *légumineuses* ou *papilionacées*, noms qui rappellent, soit l'utilité que nous retirons de leurs fruits ou légumes, soit la beauté de leurs fleurs semblables à des papillons par la richesse du coloris et la légèreté des formes. On trouve, en effet, dans cette famille les plus jolies plantes d'ornement à côté des végétaux les plus précieux par leurs produits; nous pourrions citer le pois de senteur, l'acacia ordinaire, le trèfle rouge, et beaucoup d'autres.

Les pois communs se mangent verts ou séchés : les premiers sont bien plus délicats. Les pois secs se trouvent dans le commerce sous deux aspects : tantôt ils sont entiers et de couleur jaune, parce qu'ils ont été récoltés en pleine maturité ; tantôt, surtout en France, ils sont à l'état de pois verts cassés : ils ont alors été récoltés avant d'être mûrs, séchés, égrenés par le battage, puis séparés de leurs pellicules et concassés sous l'action de meules.

Les haricots blancs, rouges, violets, panachés offrent des différences à peine sensibles dans la saveur et l'arome. Cepen-

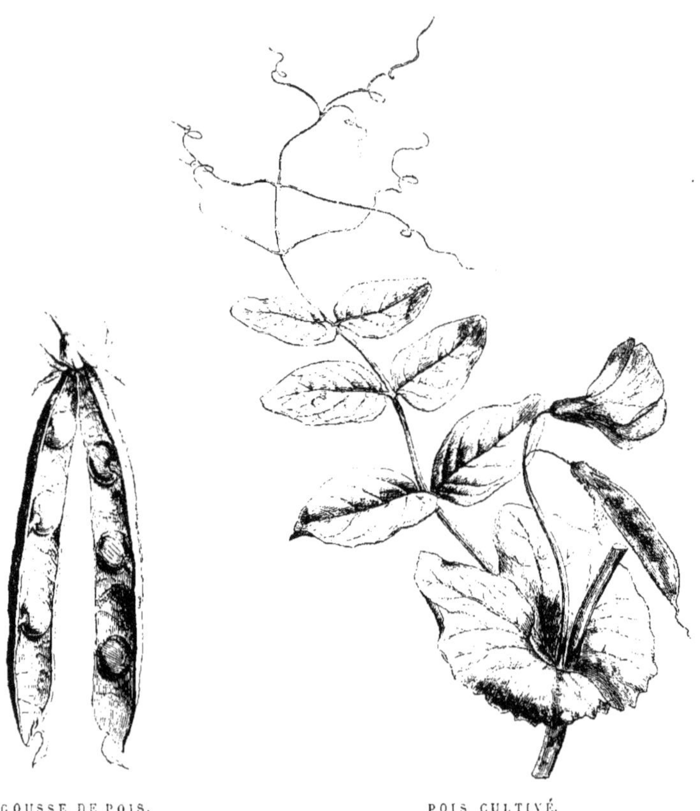

dant les haricots colorés sont préférables, lorsqu'on veut manger les gousses à peine formées (haricots verts). Les variétés blanches donnent de meilleurs grains, soit à l'état frais, soit à l'état sec : une d'entre elles, connue sous le nom de *flageolet*, se récolte avant l'entière maturité, alors que l'enveloppe est encore un peu verte.

Deux variétés de lentilles sont généralement cultivées : l'une plus productive, à grosses graines; l'autre, appelée *lentillon*, a les graines plus renflées, plus petites et d'une saveur plus délicate. L'enveloppe de toutes les lentilles contient un arome particulier, qui se communique à l'eau de cuisson et qui manque aux lentilles décortiquées. Ce légume ne se mange qu'à l'état sec; on peut l'employer avec avantage sous forme de farine : la *douce Revalescière*, si vantée dans les annonces des journaux grands et petits, n'est autre chose que de la farine de lentilles.

Les fèves sont aussi productives qu'économiques; malheureusement, elles ont une saveur peu agréable. La grosse variété, *féverole* ou *gourgane*, sert pour les chevaux : la meilleure est la fève de marais, mangée verte en juillet et août. La farine de féveroles est quelquefois mélangée frauduleusement à celle de blé.

Bien que nous rangions les graines légumineuses dans la catégorie des aliments féculents, elles contiennent une proportion considérable de matière albuminoïde. Si l'on ne tenait compte que de la quantité des principes solides nutritifs, elles l'emporteraient sur la viande elle-même : elles sont donc, à plus forte raison, supérieures à toutes les céréales. Les légumineuses méritent aussi un rang plus élevé sous le rapport de la qualité de la matière alimentaire; car leur principe albuminoïde, la *légumine*, se digère plus aisément que celui des céréales, le gluten. On peut donc les classer, comme aliments, entre la viande et le pain : car la légumine, soluble immédiatement dans l'eau, est préférable au gluten, qui exige pour se dissoudre l'action prolongée des sucs digestifs; mais, d'un autre côté, la fibrine et l'albumine de la viande ont plus d'analogie avec les matériaux constitutifs de notre sang et de nos tissus.

Le tableau suivant donne une idée de la valeur nutritive des principales légumineuses.

MATIÈRES.	HARICOTS BLANCS.	POIS JAUNES.	LENTILLES.	FÈVES DE MARAIS.	FÈVEROLES.	VESCES.
	gr.	gr.	gr.	gr.	gr.	gr.
Légumine	27	24	25	24	32	27
Fécule	19	60	56	52	18	49
Matières grasses....	3	2	3	1	2	3
Ligneux et cellulose..	3	3	2	3	3	3
Sels	4	2	2	4	3	3
Eau	11	9	12	16	12	15
Total	100	100	100	100	100	100

Les deux principes nutritifs des légumineuses ont des caractères particuliers : la fécule se distingue de celle des céréales à la forme allongée de ses grains et à la fente longitudinale que l'on voit à leur surface (voyez page 84). La légumine est remarquable par sa solubilité dans l'eau. Elle a une certaine analogie avec le caséum du lait, et peut, comme lui, se déposer lorsqu'on ajoute un peu de vinaigre au liquide dans lequel elle est dissoute. Elle se coagule et devient insoluble, si l'eau contient des sels calcaires.

Il ne faut pas perdre de vue ces propriétés de la légumine dans la préparation des pois, des lentilles ou des haricots employés comme aliments. On doit, lorsqu'ils sont secs, les mettre tremper dans l'eau pendant une douzaine d'heures, afin de les gonfler et de les ramener à un état analogue à l'état frais ; on les fait ensuite cuire dans l'eau portée doucement à l'ébullition. Il n'est pas indifférent d'employer pour cela une eau quelconque : celle qui contient en dissolution du plâtre ou une autre substance calcaire est impropre à cet usage. Les légumes, au lieu de s'y ramollir par la cuisson, deviennent durs et coriaces ; la légumine est alors coagulée par la chaux et tout à fait indigeste. On attribue souvent à la mau-

vaise qualité des légumes ce résultat, dû en réalité à l'impureté ordinaire des eaux. Il est donc indispensable de se servir
d'une eau très pure, ou mieux encore d'eau de pluie ; mais,
comme on n'en a pas toujours à sa disposition, on peut y
suppléer en ajoutant à l'eau ordinaire une petite quantité
(gros comme une petite noisette pour un litre d'eau) de carbonate de soude. Cette substance, désignée aussi dans le commerce sous le nom de *cristal de soude*, produit, dans une eau
impure, un dépôt blanc qui contient toute la chaux primitivement renfermée dans l'eau : celle-ci se trouve purifiée par
cette addition et peut ensuite servir soit au trempage, soit à
la cuisson des légumes. Pendant ces opérations, la légumine
se dissout dans l'eau, qui retient ainsi le principe nutritif le
plus important; aussi les graines légumineuses doivent-elles
être mangées, soit sous forme de soupe, soit à l'état de purée,
après avoir été délayées dans l'eau de cuisson : dans tous les
cas, celle-ci ne doit jamais être rejetée, mais au contraire
soigneusement utilisée.

Un mode de préparation qui permet d'améliorer beaucoup
la qualité des pois secs entiers, consiste à leur faire subir un
commencement de germination. Il suffit, pour cela, de les
mettre tremper dans l'eau tiède pendant douze à quinze
heures, et de les abandonner ensuite en tas humide pendant
vingt-quatre heures environ : on les fait cuire dès que les
germes commencent à apparaître. Une partie de la fécule se
transforme en sucre, comme dans la germination de l'orge
pour la fabrication de la bière, et les pois ainsi préparés ont à
peu près la saveur sucrée des pois verts.

L'analogie de la légumine avec le caséum du lait est telle,
que l'on fabrique dans certains pays, en Chine et au Japon,
par exemple, du *fromage de pois*. Quand ceux-ci ont été bien
ramollis par un trempage à l'eau, on les broie sous des meules :
on lave ensuite à l'eau la pulpe ainsi obtenue, et on recueille
le liquide qui s'écoule. Celui-ci contient la légumine en disso-

lution : pour la faire cailler, il suffit d'ajouter un peu de plâtre. On obtient alors une masse d'un blanc grisâtre que l'on presse et qui se vend sur les marchés en morceaux de la grosseur du poing : pour conserver ce fromage, on le sale et on y ajoute des aromates divers. Il est, paraît-il, d'un goût assez agréable ; frit dans la graisse, il constitue un mets délicat. On pourrait d'ailleurs produire la coagulation en ajoutant, au lieu de plâtre, un peu de vinaigre ; la préparation ressemblerait alors tout à fait à celle de nos fromages de lait.

4° La pomme de terre.

Il est peu de végétaux qui rendent à l'homme autant de services que la pomme de terre : c'est un aliment précieux et en même temps une matière première dont l'industrie tire un grand parti. Des voyageurs l'ont rencontrée, à l'état sauvage, au Chili et à Montévidéo : sa culture a suivi la marche des Incas dans leurs conquêtes et s'est propagée dans la chaîne des Andes, depuis le Chili jusqu'aux montagnes de Quito et au plateau de la Nouvelle-Grenade. La pomme de terre n'existait pas au Mexique lors de la découverte de l'Amérique, et n'y fut introduite qu'après l'invasion européenne.

Connue dans les Andes sous le nom de *papas*, la pomme de terre fut apportée en Europe par les Espagnols, après la conquête du Pérou, et répandue par eux en Italie, dans les Pays-Bas, la Franche-Comté et la Bourgogne. Vers le même temps, en 1545, un marchand d'esclaves, John Hawkins, avait gratifié l'Irlande de tubercules provenant de la Nouvelle-Grenade : c'est donc à tort qu'on attribue généralement son introduction à Drake, en 1586. La plante nouvelle passa d'Irlande en Belgique vers 1590. Dans la Grande-Bretagne, sa culture fut négligée jusqu'au commencement du dix-septième siècle, époque où l'amiral Walter Raleigh rapporta de nouveaux tubercules de la Virginie. En Allemagne, la pomme de terre ne fut pendant

longtemps cultivée que dans les jardins et réservée à la table
du riche : il fallut la famine de 1771 et 1772 pour faire comprendre qu'elle peut suppléer au pain et pour la faire
admettre dans la grande culture.

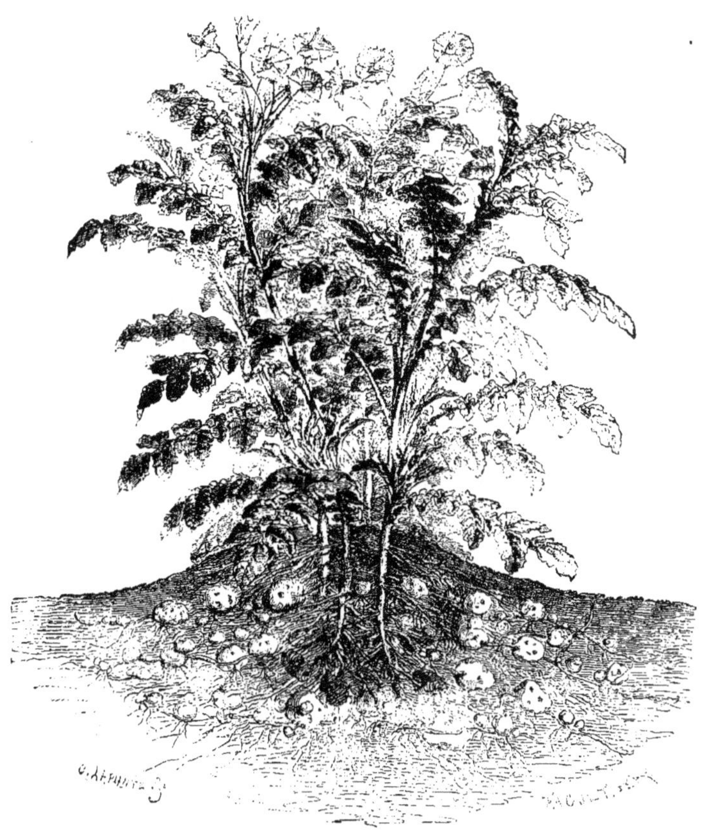

POMME DE TERRE.

Introduite en Picardie par des paysans lorrains, la culture
de la pomme de terre ne put se répandre en France. On l'ac-
cusait d'être une plante malfaisante, de donner la lèpre et
d'autres maladies. Ce fut contre ces préjugés, entretenus

même par des gens instruits, que dut lutter Parmentier, sous le règne de Louis XVI. Il y consacra sa vie et employa tour à tour la persuasion et la ruse. Le roi lui avait donné la plaine des Sablons pour y faire des essais de culture : Parmentier la fit garder par des soldats, non pour empêcher le peuple de lui voler sa récolte, mais pour en donner l'idée : le procédé réussit merveilleusement. Louis XVI, pour seconder Parmentier, parut un jour devant la cour, un bouquet de fleurs de pomme de terre à la main : il n'en fallait pas plus pour les mettre à la mode. A la suite de la disette de 1793, la culture nouvelle se répandit : l'étendue du terrain qui lui était consacré augmenta rapidement et atteignit en quelques années 500 000 hectares. Parmentier vit donc ses efforts couronnés de succès, mais sans obtenir plus de reconnaissance. Une assemblée populaire voulait un jour lui accorder une place qu'il sollicitait : « Ne la lui donnez pas, s'écria un orateur du faubourg, il ne nous ferait manger que des pommes de terre ; c'est lui qui les a *inventées*. » Il eût été pour le moins de toute justice de conserver à la plante le nom de *parmentière*, qui lui fut d'abord donné.

« De toutes les plantes utiles que les migrations des peuples et les navigations lointaines ont fait connaître, dit M. de Humboldt, il n'en est aucune, depuis la découverte des céréales, c'est-à-dire depuis un temps immémorial, qui ait exercé une influence aussi prononcée sur le bien-être des hommes. En moins de deux siècles, elle a pénétré dans la Nouvelle-Zélande, au Japon, à Java, dans le Boutan et au Bengale. Aujourd'hui, sa culture s'étend depuis l'extrémité de l'Afrique jusqu'en Islande et en Laponie. C'est un spectacle intéressant que de voir une plante descendre des montagnes situées sous l'équateur, s'avancer vers le pôle et résister plus que les graminées à tous les frimas du Nord. »

La pomme de terre appartient à la famille végétale des solanées, qui contient un grand nombre de plantes vénéneuses, le tabac, le datura, la belladone, la jusquiame : c'est une des raisons que faisaient valoir les ennemis de la pomme de terre. Les tubercules du végétal en sont d'ailleurs les seules parties absolument inoffensives : encore faut-il les rejeter lorsqu'ils sont germés. Le genre *solanum*, dont la pomme de terre est l'une des espèces, comprend encore la *tomate* et l'*aubergine*, plantes à fruits comestibles, et quelques végétaux ligneux, la *douce-amère* et le *pommier d'amour*. Le feuillage de la pomme de terre est triste, d'un vert sombre ; ses fleurs sont d'un blanc violacé : quant aux tubercules, ils se développent sur des tiges ou rameaux souterrains : les trous dont ils sont parsemés, vulgairement appelés *yeux*, sont dus à des bourgeons qui se développent l'année suivante.

Aussi le procédé de culture employé consiste-t-il à prendre les tubercules entiers ou coupés par morceaux et à les mettre en terre, comme de véritables boutures. Les champs de pommes de terre doivent être fréquemment sarclés, et les pieds buttés avant le développement complet des tiges. Les terrains légers, sablonneux, calcaires ou argilo-calcaires sont les plus convenables.

Les pommes de terre employées dans l'alimentation se divisent en deux groupes, dont la culture a multiplié les variétés ; ce sont : les *patraques*, à tubercules volumineux, arrondis, et les *vitelottes*, dont les tubercules sont longs et cylindriques. Certaines variétés sont recherchées à cause de la rapidité de leur développement et de la précocité de la récolte; telle est la pomme de terre *marjolin*. Quant à l'abondance du produit obtenu, il peut s'élever pour certaines espèces jusqu'à 25 000 kilogrammes par hectare.

Les tubercules contiennent en moyenne de 70 à 75 pour 100 d'eau et seulement de 20 à 25 pour 100 de parties solides. Les éléments nutritifs sont représentés par 15 ou 20 pour 100 de fécule et seulement 2 pour 100 de matières albuminoïdes. La partie la plus farineuse se trouve, dans les grosses espèces, au-dessous de l'épiderme ; la portion centrale est plus aqueuse et de qualité inférieure : il faut donc, lors de l'épluchage, n'enlever que la plus mince pellicule possible.

Au point de vue alimentaire, nous devons classer la pomme de terre parmi les matières peu nourrissantes. Elle ne saurait supporter la comparaison ni avec la viande, ni avec les légumineuses, riches en matières albuminoïdes, puisqu'elle en contient à peine les deux centièmes de son poids. Elle est également inférieure aux céréales, bien que l'on ait qualifié ses tubercules de *petits pains tout faits :* les plus pauvres d'entre elles, le riz et le maïs, par exemple, sont non seulement plus riches en albumine et en gluten, mais contiennent encore près de quatre fois plus d'amidon.

Une alimentation fondée sur l'emploi exclusif de la pomme de terre exige pour être suffisante l'absorption d'un poids considérable de nourriture : elle charge l'estomac d'un excès de produits féculents et contient à peine la dose nécessaire de principes albuminoïdes. Les populations soumises à ce régime sont, en général, faibles de corps et sans grande énergie morale. « Malheureuse Irlande, dit un philanthrope, dont la misère engendre la misère : tu ne saurais triompher dans ta lutte avec ta fière voisine, car d'innombrables troupeaux entretiennent la force de ses soldats. Ah ! ne remercie pas le nouveau monde du don fatal qui éternise ton infortune. S'il est vrai que Hawkins t'a apporté la pomme de terre, nous pouvons apprécier la générosité de ses vues ; mais pour toi, il n'en est pas résulté un bienfait. » Ce tableau, vrai dans le fond, pèche par l'exagération. Sans doute la pomme de terre n'est pas un aliment parfait, surtout lorsqu'on n'en peut manger qu'une fois par jour. Mais la première condition pour l'homme est de ne pas mourir de faim : et c'est par millions peut-être qu'il faudrait compter les existences humaines que la pomme de terre a pu soutenir dans les temps de disette. Qu'importe à l'affamé le goût, la saveur et la richesse des principes alimentaires ! l'important pour lui est de trouver un aliment. L'introduction de la pomme de terre a donc été un bienfait dans tous les pays, et particulièrement en France, parce qu'elle n'y a pas arrêté le progrès de la culture du blé et de l'élevage du bétail.

Si, employée seule, la pomme de terre laisse à désirer comme valeur nutritive, elle devient un aliment de premier choix, lorsqu'elle s'ajoute à la viande. Celle-ci contient un excès de matières albuminoïdes : aussi est-elle admirablement complétée par une substance nutritive, d'une facile préparation, qui renferme, au contraire, un excès de principes combustibles.

La matière amylacée de la pomme de terre, la fécule, peut s'extraire par un procédé analogue à celui que nous avons indiqué pour la séparation du gluten et de l'amidon du blé. Au moyen d'une râpe de cuisine, on réduit les tubercules en une pulpe que l'on jette sur un tamis : on la remue et on l'arrose avec de l'eau. Celle-ci entraîne la fécule au travers des mailles du tamis et tombe dans un bassin où on la laisse reposer : au bout de quelque temps, la fécule s'est déposée et l'on peut séparer le liquide surnageant. Il est bon de laver la fécule dans une seconde eau, pour l'avoir bien blanche.

Dans l'industrie, on emploie un procédé analogue. La pomme de terre que l'on choisit est ordinairement la *patraque jaune*, variété très productive et très riche en fécule. Les tubercules sont lavés, puis râpés mécaniquement ; la pulpe est ramenée par un tuyau F, dans un tamis cylindrique T, en toile métallique qui tourne dans une auge ; elle est soumise dans cet appareil au mouvement de rotation du tamis, à l'action d'un filet d'eau et à celle de brosses fines qui frottent contre les parois intérieures du tamis. L'eau chargée de fécule passe, de l'auge où elle tombe, dans un second tamis à mailles plus fines : celles-ci arrêtent les débris de pulpe qui auraient pu passer à travers le premier. Après ce nouveau tamisage, les eaux sont recueillies dans des bassins : à la surface de la fécule qui se dépose est une couche grisâtre que l'on sépare à la pelle et qu'on lave de nouveau. Quant à la fécule blanche, on la met égoutter sur des toiles : on la sèche ensuite, d'abord

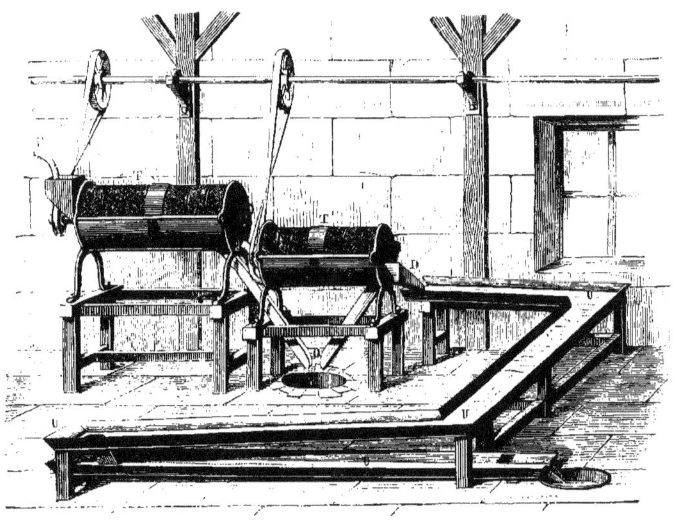

EXTRACTION DE LA FÉCULE DE POMME DE TERRE.

à l'air libre, puis dans une étuve modérément chauffée. On trouve dans le commerce des paquets de fécule destinée à l'alimentation ; mais la plus grande partie de ce produit sert à fabriquer la *glucose* ou *sucre de fécule*.

L'IGNAME ET LA PATATE

Nous dirons quelques mots de deux tubercules assez semblables par leurs propriétés alimentaires, mais appartenant à des végétaux très différents : l'igname est une plante voisine de l'iris, tandis que la patate est un liseron.

L'*igname* habite les régions chaudes de l'Asie, la Chine et le Japon ; sa culture essayée chez nous a donné d'assez bons résultats ; mais il est nécessaire que le terrain ait été défoncé

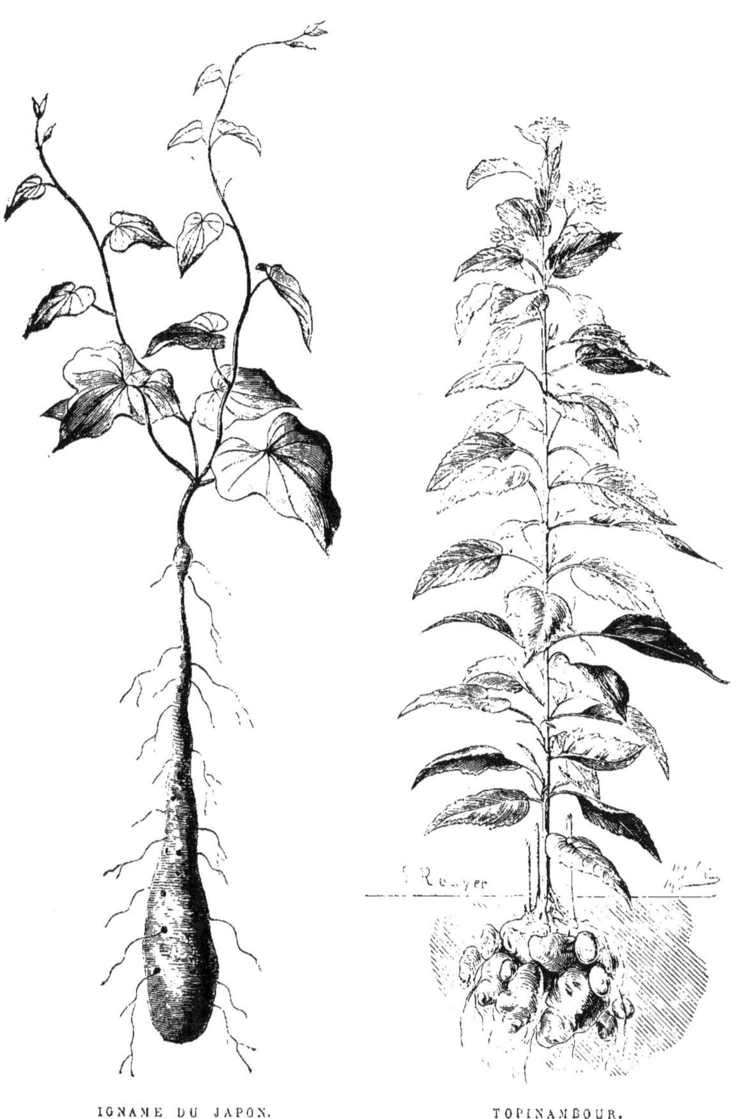

IGNAME DU JAPON.   TOPINAMBOUR.

à une grande profondeur, si l'on veut que les tubercules

atteignent tout leur développement. On en a vu qui avaient un mètre de long ; et, comme ils sont cassants, leur arrachage est difficile. Ils sont blancs à l'intérieur, remplis de fécule et gorgés d'un suc laiteux : par la cuisson, ils acquièrent une saveur délicate et supérieure à celle des meilleures pommes de terre. L'espèce qui réussit le mieux en France est l'*igname du Japon* ; une autre espèce, l'*igname ailée*, rend de grands services dans les îles de l'archipel Indien.

La *patate*, plante du même genre que le volubilis des jardins, possède des racines tuberculeuses, riches en fécule et en sucre. Elle est originaire de l'Inde et ne peut être cultivée que dans le midi de la France : on a prétendu que sa culture fournissait 25 à 30 000 kilogrammes de tubercules par hectare, et jusqu'à 100 000 kilogrammes dans des conditions très favorables. Malheureusement, ils se conservent difficilement pendant l'hiver, et ont une saveur trop sucrée pour pouvoir être mangés avec la viande.

LE TOPINAMBOUR

Un autre tubercule farineux est fourni par le *topinambour*, ou *poire de terre*, plante du même genre que le grand soleil. On l'emploie surtout pour la nourriture des animaux ; mais il peut également servir à l'alimentation de l'homme. Sa saveur, lorsqu'il est cuit, rappelle celle de l'artichaut : le principe féculent qu'il contient diffère un peu de la matière amylacée ordinaire ; car il se dissout dans l'eau chaude sans former d'empois. Le topinambour, originaire du Brésil, est cultivé dans l'est de la France.

LA CHÂTAIGNE

Le châtaignier n'est probablement pas un arbre de nos pays : les botanistes forestiers pensent qu'il a été importé à l'état de graine et qu'il s'est multiplié par le semis, dans les régions de collines et de basses montagnes à sol sablonneux. Ses graines ou *châtaignes* sont la principale nourriture des habitants pauvres du Limousin, des Cévennes et de la Corse. Pour les conserver, on les fait complètement sécher; puis on détache par

le battage la coque et la pellicule qui les enveloppent. On les mange alors cuites dans l'eau ou dans le lait : on peut aussi les réduire en farine et en faire des bouillies, des galettes ou même une sorte de pain. On désigne sous le nom de *marrons* de grosses châtaignes dont une seule remplit la coque épineuse du fruit; les arbres qui les produisent ont été greffés. Les marrons, dits de Lyon, proviennent du Var ou des Cévennes et se mangent après qu'on les a fait griller dans une poêle percée de trous.

LE TAPIOCA

La racine de manioc contient une fécule abondante et nutritive, mélangée à un suc des plus vénéneux. Les indigènes de l'Amérique du Sud, dont cette plante est originaire, avaient trouvé le moyen d'en tirer parti et de lui enlever ses propriétés

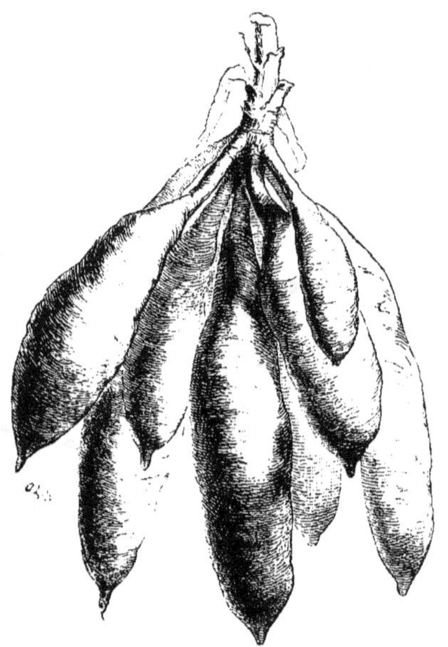

RACINE DE MANIOC.

malfaisantes. On lave les racines, on les râpe et on soumet la pulpe à l'action d'une presse, de manière à faire sortir le suc de la plante et à séparer la fécule. Ces précautions ne suffiraient pas : heureusement, le principe vénéneux est très volatil; aussi peut-on achever de le faire disparaître en séchant au feu le produit obtenu par pression. On lui donne deux formes principales : la *cassave*, que les nègres mangent en guise de pain, s'obtient en étendant la fécule sur des plaques chaudes, de manière à en former une espèce de biscuit; le *tapioca* se fabrique avec la fécule pure, lavée et séchée à l'air, que l'on met à l'état pulvérulent sur des plaques chauffées; elle éprouve une cuisson partielle et se prend en grumeaux durs et irréguliers. Mis dans l'eau chaude, les grains ne se délayent pas, mais restent isolés à l'état de gelée transparente.

Le sagou, le salep, l'arrow-root sont des produits analogues, obtenus avec d'autres plantes; ils possèdent les propriétés nutritives de toutes les fécules, mais n'ont aucune des vertus merveilleuses que la réclame leur attribue souvent.

CHAPITRE V

1° Le sucre en général.

Un grand nombre de substances végétales et quelques produits animaux possèdent une saveur douce que nous désignons sous le nom de saveur sucrée : elle est due à un corps solide, soluble dans l'eau, le *sucre*. Les propriétés de celui-ci varient un peu avec son origine ; aussi les chimistes distinguent-ils quatre variétés de sucre :

1° Le *sucre cristallisable* ou sucre de canne, ainsi nommé parce qu'il a d'abord été extrait de la canne à sucre. C'est celui que l'on vend en pains ou en cassonade ;

2° Le *sucre des fruits acides* (raisins, groseilles, prunes, etc.), qui prend difficilement la forme cristallisée ;

3° Le *sucre de lait*, dont le nom indique l'origine : il est dur, pierreux, peu soluble dans l'eau.

4° La *glucose* ou *sucre de fécule*, provenant de la transformation de la matière féculente.

Outre leur saveur, tous ces sucres ont une propriété commune : dissous dans l'eau, ils peuvent *fermenter* (suivant l'expression consacrée) et se transfomer en un liquide vineux et alcoolique[1].

---

1. Voyez p. 190. *Les boissons alcooliques.*

Le sucre est, comme la fécule, un aliment combustible, destiné à alimenter le foyer respiratoire. Soluble dans l'eau, il est immédiatement absorbé, sans transformation préalable, et se digère par suite très aisément : aussi le malade que le médecin met à la diète reçoit-il toujours, sous forme de boissons et de tisanes, une dose de sucre destinée à le soutenir.

Le sucre cristallisé est le plus important de tous : il est caractérisé par la propriété de former des cristaux, c'est-à-dire de se réunir en petites masses terminées par des facettes plates, brillantes. Les cristaux de sucre ont toujours la même forme ; ils sont petits dans le sucre en pains, mais peuvent acquérir de plus grandes dimensions et constituent alors le *sucre candi*.

Le sucre bien pur est blanc ; ses cristaux sont transparents. Chauffé à sec, il fond vers 150 degrés et donne une masse visqueuse qui, en se solidifiant par le refroidissement, prend l'aspect du verre : c'est le *sucre d'orge*, dans lequel il n'entre pas d'orge, mais que l'on aromatise souvent à l'orange, à la menthe, etc. Vers 220 degrés, le sucre fondu devient jaune, puis brun : il dégage alors des vapeurs piquantes et se transforme en une matière d'un brun rougeâtre, amère, désignée sous le nom de *caramel*. Chauffé encore davantage, le sucre laisse dégager des gaz combustibles qui brûlent avec une belle flamme, et fournit finalement un résidu de charbon très léger et très spongieux.

Le sucre se dissout dans l'eau, surtout quand elle est chaude : on obtient un liquide visqueux, nommé *sirop*, d'autant plus épais qu'il contient plus de sucre. Un sirop préparé à chaud et qui se refroidit lentement, laisse cristalliser petit à petit la plus grande partie du sucre qu'il contenait ; mais s'il a été maintenu pendant longtemps à une température élevée, s'il est fortement cuit, la cristallisation du sucre ne se produit plus que difficilement et avec une très grande lenteur. Les ménagères appliquent ce principe dans la confection des sirops aromatisés et des confitures.

2° Fabrication du sucre.

LA CANNE A SUCRE

De toutes les plantes qui peuvent fournir du sucre cristallisé, la plus riche est une graminée, désignée sous le nom de *canne à sucre*. C'est un grand roseau dont la tige a quatre ou cinq centimètres de grosseur et peut atteindre jusqu'à cinq mètres de hauteur. On en cultive plusieurs variétés, toutes originaires des pays chauds; les principales sont : la canne créole, qui vient de l'Inde; la canne de Batavia, indigène à l'île de Java; enfin, la canne d'Otaïti, la plus répandue de toutes. Son introduction est due aux voyages de Cook et surtout de Bougainville; ils la répandirent dans l'île de France, dans la Guyane, à la Martinique, dans toutes les Antilles et dans les portions voisines de l'Amérique.

La canne à sucre se plante par boutures. On prend des morceaux de tiges ayant environ 50 centimètres de longueur, et on les couche horizontalement au fond de trous que l'on remplit de terre légère et humide : les jets sortent du sol au bout d'une vingtaine de jours, si les pluies surviennent après la plantation. La durée de la végétation de la canne varie avec la chaleur : elle n'est que de onze à douze mois, si la température moyenne atteint 27 à 28 degrés; celle-ci descend-elle à 20 degrés, la plante pourra mettre dix-huit mois à atteindre son complet développement. On la coupe généralement au bout d'un an, un peu avant la floraison; la tige s'est alors dépouillée de ses feuilles, dont il ne reste plus qu'un bouquet terminal. On a soin de faire la section tout près de terre : quelque temps après, des rejetons surgissent et donnent de nouvelles tiges. On peut ainsi dans une plantation faire cinq ou six récoltes en un même nombre d'années; mais, après ce temps, il faut replanter complètement, en se servant des parties supérieures des tiges comme boutures.

On ne cultive guère la canne que dans les pays où la tempéra-

ture reste très élevée pendant toute l'année; il faut un climat
régulier et chaud pour que sa végétation se continue sans inter-

CANNES A SUCRE.

ruption. Cependant on obtient encore de bons résultats,
quoique moins avantageux, dans des climats plus doux, où les

saisons sont plus marquées et où la végétation est ralentie ou même suspendue pendant une partie de l'année. En Louisiane, par exemple, la canne plantée en mars sort de terre en avril, et doit être récoltée avant les froids, qui se font sentir en novembre. Elle ne reste donc que six mois en terre, n'atteint pas sa maturité et fournit un jus moins pur. La canne rubanée de Batavia, à zones rouges et violettes, est celle qui se prête le mieux à ce genre de culture.

Dès qu'elles ont été récoltées, les cannes sont pressées pour en extraire le jus. Le *moulin*, employé autrefois à cet usage, se composait de cylindres cannelés verticaux, mus par un manège et entre lesquels on introduisait les cannes pour les écraser. Aujourd'hui on se sert d'une sorte de laminoir, formé de trois cylindres de fonte horizontaux, *a*, *b*, *c*; on obtient ainsi une pression plus forte et on retire plus de jus d'une même quantité de cannes.

Celles-ci contiennent, en moyenne, 72 pour 100 d'eau, 18 de sucre et 10 de bois. On retire aujourd'hui 65 à 70 kilogrammes de jus de 100 kilogrammes de cannes, et on peut aller à 80 pour 100 en réglant bien la pression. Le jus obtenu, ou *vesou*, doit être regardé comme une dissolution de sucre presque pure, contenant de 20 à 22 pour 100 de sucre. Les cannes pressées se nomment *bagasses;* on les fait sécher et on les emploie comme combustible pour chauffer les chaudières.

Le vesou s'altère rapidement à l'air : on doit donc, aussi vivement que possible, évaporer par l'action de la chaleur l'eau qu'il contient et l'amener à l'état de sirop. Cette opération se fait dans de grandes chaudières, et comme il se forme, surtout au commencement, d'abondantes écumes, on a soin de les enlever pour avoir un sirop bien limpide. Cette purification est favorisée souvent par l'addition d'un peu de chaux faite dans le vesou, au moment où on commence à le chauffer. Dès que par la cuisson le sirop est devenu suffisamment épais, on le verse dans un large bassin pour le refroidir et, bientôt après, dans des tonneaux percés de trous qui sont bouchés par des chevilles. On remue de temps en temps pour favoriser la cristallisation et on obtient une masse confuse de petits cristaux ; on débouche alors les trous pour faire écouler le sirop non cristallisé et on fait sécher le sucre solide : c'est la *cassonade* brute. Elle a une teinte jaune plus ou moins foncée et possède une agréable saveur de canne.

Quant au sirop, il donne, après une seconde cuisson, de nouveaux cristaux, et ainsi de suite ; mais après quelques opérations il devient visqueux et de couleur brune ; c'est alors la

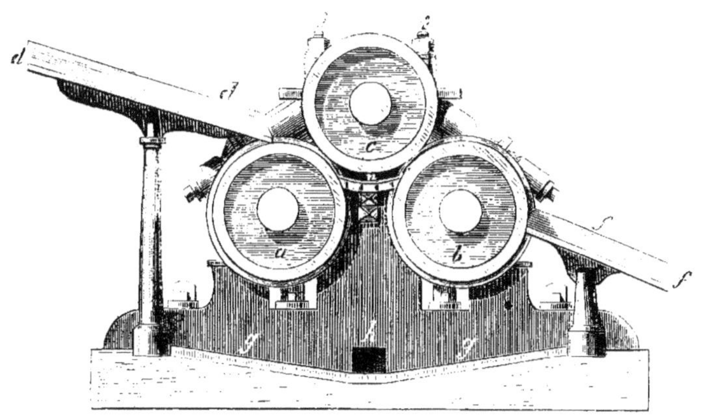

PRESSE POUR EXTRAIRE LE JUS DE LA CANNE A SUCRE.

mélasse. Elle ne peut plus fournir de sucre, et sert à la fabrication du rhum et du tafia.

Pendant longtemps les procédés employés dans les colonies ont été fort imparfaits et ne permettaient d'obtenir à l'état de cassonade que le tiers à peine du sucre contenu dans les cannes ; aujourd'hui on apporte de plus grands soins à l'extraction et à l'évaporation du jus : aussi arrive-t-on à un rendement plus considérable et à une plus belle qualité de sucre. Dans quelques fabriques, on blanchit les cassonades par des procédés analogues à ceux qui servent pour le sucre indigène, et l'on fabrique ainsi des sucres en grains, d'un goût excellent, et d'une blancheur comparable à celle du sucre raffiné.

LA BETTERAVE

Il n'existe dans les végétaux de nos pays aucune plante comparable à la canne pour la richesse saccharine ; beaucoup contiennent du sucre, mais on ne peut, en général, l'extraire avantageusement, soit parce que la proportion en est trop faible, soit parce qu'on ne saurait l'obtenir assez pur. La betterave es la seule plante indigène qui se prête à la fabrication industrielle du sucre : son jus est suffisamment sucré et sa végétation est rapide, ce qui permet de la cultiver même dans les parties froides des climats tempérés.

Marggraff, chimiste de Berlin, découvrit, en 1747, dans diverses racines, et notamment dans la betterave, un sucre identique à celui de la canne ; son disciple, Charles Achard, de Berlin également, mais d'origine française, fit la première application de cette découverte et monta, près de Steinau sur l'Oder, une usine d'essai pour la fabrication du sucre. Plusieurs autres s'établirent en Allemagne ; mais cette industrie resta languissante jusqu'aux guerres de l'Empire et à l'époque du blocus continental. La France, privée de ses communications avec les

BETTERAVE A SUCRE.

colonies, ne pouvait plus recevoir de sucre de canne. Un grand
industriel, Benjamin Delessert, qui venait de créer (1803) la
première filature de coton, réussit à fabriquer (1806) du sucre
de betterave bien cristallisé, et fut le père de l'industrie su-
crière indigène. Depuis cette époque, grâce aux travaux de
nombreux savants et industriels, elle s'est développée et per-
fectionnée rapidement. Aujourd'hui plus de cinq cents fabriques, répandues dans toute la France, produisent chaque
année près de 400 millions de kilogrammes de sucre ; le
plus grand nombre des usines est concentré dans les départements du Nord, du Pas-de-Calais, de l'Aisne, de la Somme et
de l'Oise. Dans ces conditions, le prix de revient du sucre a
diminué rapidement depuis 5 francs le kilogramme (1812)
jusqu'à 55 ou 60 centimes seulement.

La betterave appartient à la famille des chénopodées : on la
sème en place vers la fin de mars ; mais, pour avoir une plantation plus régulière, on peut aussi la repiquer. Elle forme sa
racine la première année et monte en graine la seconde. Sa
culture exige des sarclages, mais elle épuise peu le sol ; car le
sucre, de même que l'amidon et les autres produits végétaux
combustibles, provient des éléments empruntés à l'air par les
feuilles. De toutes les variétés cultivées, la betterave blanche de
Silésie, à collet vert, est la plus avantageuse pour la fabrication du sucre. Elle ne sort pas de terre ; sa chair blanche et
ferme se conserve bien, et contient 10 à 12 pour 100 de sucre.

Quand les feuilles commencent à se faner, on procède à l'arrachage des betteraves : on détache au couteau le bouquet de
feuilles qui les garnit, et on met les racines en tas jusqu'au
moment où l'on doit les employer. La bonne conservation des
betteraves est une des conditions indispensables de la fabrication du sucre : aussi doit-on les utiliser le plus rapidement
possible. Le travail des sucreries commence en octobre et ne
peut se prolonger au delà des premiers jours de février. A la
fin de la campagne, on travaille des betteraves qui ont été

conservées en silos; le sucre qu'elles contiennent est plus ou moins altéré, le rendement diminue et la fabrication devient plus difficile.

Les procédés employés sont aujourd'hui très perfectionnés; l'extraction du jus se fait d'une façon aussi complète que possible et la cuite des sirops avec toutes les précautions nécessaires pour empêcher le sucre de devenir incristallisable et de rester dans les mélasses. Il faut bien comprendre, en effet, que

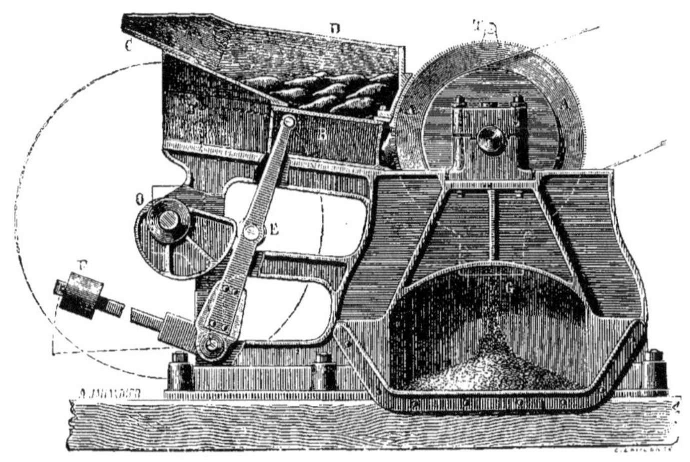

RAPE A BETTERAVE.

si l'on a pu pendant longtemps extraire le sucre de la canne en employant des moyens tout à fait primitifs, il n'en saurait être de même pour la betterave. La quantité de sucre que celle-ci renferme n'est guère que la moitié de celle contenue dans la canne; et, en outre, tandis que le jus de cannes est de l'eau sucrée pure, celui de betteraves contient des matières salines qui rendent l'extraction du sucre plus pénible. Dans toutes les fabriques, on commence par laver les betteraves, puis on les réduit en pulpe au moyen d'une râpe mécanique. Deux moyens sont employés pour en faire sortir le jus. Autrefois on se servait partout de presses hydrauliques : la pulpe mise dans des sacs de laine était soumise à une pression très énergique et donnait en moyenne 80 pour 100 de jus. Mais il y avait beaucoup de temps perdu dans le chargement et le déchargement des presses hydrauliques. On préfère donc employer des presses à cylindres dans lesquelles la pulpe passe sans interruption et qui donnent d'aussi bons résultats. Le résidu solide obtenu contient encore du sucre et sert à la nourriture du bétail.

Le jus extrait des betteraves est d'abord soumis à la *défécation*. À cet effet, on le chauffe à 70 degrés, on y ajoute un peu de chaux délayée dans l'eau et on porte à l'ébullition. Il se forme des écumes abondantes que l'on enlève : le jus est alors clarifié, limpide et jaunâtre. On le filtre sur du noir animal pour le décolorer, puis on l'évapore rapidement jusqu'à ce qu'il marque 25 degrés au pèse-sirop. On lui fait alors subir une seconde filtration sur le noir en grains ; on le cuit ensuite jusqu'à 40 degrés environ, et on le fait cristalliser.

Dans beaucoup de fabriques, on ajoute plus de chaux qu'il n'en faut pour clarifier simplement le jus : elle s'unit alors au sucre et donne un composé qui résiste mieux aux causes d'altération ultérieures ; mais il est nécessaire d'enlever ensuite cet excès de chaux au moyen d'un courant de gaz carbonique.

Le chauffage et l'évaporation du jus ne se font jamais dans des chaudières exposées directement à l'action du feu ; le sirop, dans ces conditions, s'altérerait et prendrait une couleur foncée. On le chauffe au moyen de la vapeur, et l'on fait arriver celle-ci dans un double fond de la chaudière ou bien dans des tuyaux qui serpentent au milieu du liquide. Il faut en outre éviter le contact prolongé de l'air et du jus sucré en ébullition : aussi emploie-t-on des chaudières fermées de toutes parts et l'on extrait l'air qu'elles contiennent au moyen d'une pompe. La cuite dans le vide permet de réaliser une grande économie de combustible et donne de si bons résultats, que l'on peut, si on le désire, faire cristalliser le sucre dans la chaudière même : c'est ce qu'on appelle la *cuite en grains*.

Les sucres bruts obtenus sont toujours colorés par de la mélasse qui reste dans les cristaux : on peut les purifier par l'emploi de la *turbine*, appelée aussi *diable* ou *toupie*. Elle consiste en un tambour en toile métallique fine LL, ouvert par en haut et fixé à un axe D : celui-ci repose en bas sur un coussinet et porte à sa partie supérieure un cône E, qui frotte contre un autre cône F. Une machine à vapeur dont le mouvement est

CHAUDIÈRE A CUIRE LES SIROPS
DANS LE VIDE.

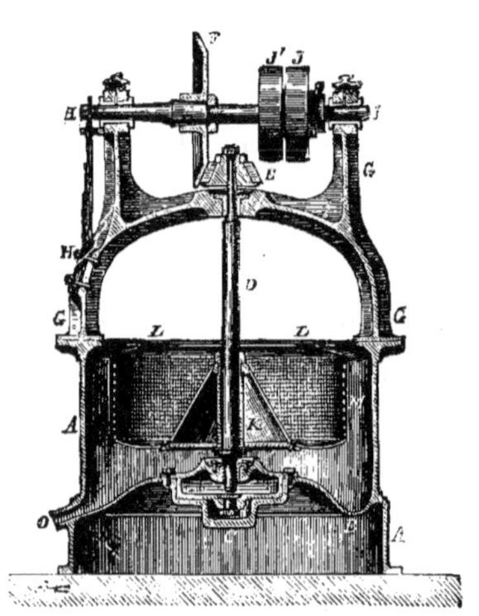

TURBINE A SUCRE.

transmis à la poulie J fait tourner le cône F et entraîne la turbine avec une vitesse de 1000 à 1200 tours à la minute. On met dans la turbine la masse de sucre brut, mélangée de sirop non cuit ; sous l'action du rapide mouvement de rotation, le sucre s'applique contre les parois du tambour ; la mélasse qui seule peut traverser la toile métallique est lancée par la force centrifuge dans le réservoir en fonte A et s'écoule par le tuyau O. On obtient ainsi en quelques minutes un sucre bien égoutté, bien sec et presque blanc.

C'est grâce à ces moyens perfectionnés que la sucrerie indigène a pu soutenir la lutte avec la fabrication coloniale, plus favorisée sous le rapport du climat. Cette dernière pressée par la concurrence, a dû, de son côté, améliorer ses procédés, afin de ne pas rester en arrière à son tour. Aussi la production du sucre va-t-elle toujours en augmentant; et le consommateur obtiendrait ce précieux aliment à un prix très modique, s'il n'était frappé d'un impôt assez considérable encore, quoique récemment réduit.

RAFFINAGE DU SUCRE

Le sucre brut de canne est assez agréable au goût et peut être consommé sans avoir subi aucune purification ; cependant il communique sa saveur spéciale à tous les aliments dans lesquels on l'introduit. Aussi a-t-on l'habitude de l'amener à l'état de sucre pur au moyen du raffinage. Cette opération est absolument nécessaire pour le sucre brut de betterave, dont la saveur est désagréable. Les sucres raffinés se trouvent dans le commerce sous forme de pains constitués par une agglomération de petits cristaux presque chimiquement purs : aussi, lorsqu'ils ont été amenés à cet état, est-il absolument impossible de reconnaître leur origine.

Les sucres bruts fortement colorés ou très impurs sont généralement passés à la turbine avant d'être soumis aux opérations du raffinage proprement dit. Celui-ci consiste en une dissolution du sucre brut dans l'eau, de manière à obtenir un sirop que l'on clarifie et que l'on fait cristalliser ; les cristaux obtenus sont ensuite lavés avec soin pour être ensuite blanchis complètement.

On commence donc par dissoudre le sucre brut dans une petite quantité d'eau chaude, opération qui se fait dans une chaudière chauffée à la vapeur. Quand le sucre est complètement fondu, on ajoute au sirop 3 pour 100 de noir animal en

poudre fine et de 1 1/2 pour 100 de sang de bœuf; puis on porte
graduellement le liquide à l'ébullition; après quelques bouil-
lons, des écumes abondantes se forment et la clarification du
sirop est complète. La chaleur agit en effet sur l'albumine de
sang comme sur le blanc d'œuf et la solidifie : un réseau d'albumine coagulée se forme dans la masse de sirop et emprisonne
dans ses mailles les matières terreuses ou insolubles contenues
dans le sucre brut. Le sirop clarifié passe d'abord dans des
sacs ou filtres en toile qui retiennent le noir et l'albumine
coagulée; il est encore très chaud et dirigé immédiatement
sur un grand filtre contenant du noir en grains, où il se décolore. On procède alors à la cuite du sirop : elle se fait à la vapeur et dans le vide au moyen d'appareils analogues à ceux
des fabriques de sucre de betterave.

La figure ci-jointe donne une idée de la disposition générale d'une raffinerie : A, chaudière à fondre le sucre; elle est
chauffée par la vapeur arrivant dans un double fond ; B, filtres
Taylor formés de sacs en toile; C, filtre Dumont à noir animal
en grains; E, réservoir de sirop clarifié et décoloré; H, chaudière à cuire le sirop à la vapeur et dans le vide ; J, réservoir
de sirop cuit; L, bassin mobile servant à remplir les formes;
D, F, I, K, robinets et tuyaux de communication.

Le sirop cuit dans le vide est recueilli dans le réservoir J et
maintenu au moyen d'un double fond rempli de vapeur à une
température de 80 degrés environ : la cristallisation du sucre
commence, et pour empêcher les cristaux de grossir, on remue
la masse de temps en temps. Quand elle forme une sorte de pâte
résultant du mélange du sirop et des petits cristaux, on la fait
écouler du réservoir pour la transvaser dans les *formes à sucre*.
Ce sont des vases coniques en tôle, ayant la forme d'un pain de
sucre, et dont la pointe est percée d'un trou que l'on peut
fermer avec un bouchon : les formes disposées, la pointe en
bas, sur des planches trouées, sont remplies successivement de
sirop, et la cristallisation s'y achève.

Un ouvrier remue de temps en temps leur contenu, afin qu'il ne se produise que de petits cristaux et non des masses de sucre candi. La cristallisation terminée et les pains étant bien formés, on débouche le trou de chaque forme pour laisser écouler le sirop coloré qui imbibe les cristaux, puis on soumet les pains à l'opération du *clairçage*. Elle consiste à verser dans le haut de chaque forme du sirop de sucre bien blanc (*clairce*); celui-ci descend peu à peu en pénétrant dans le pain, et chasse devant lui le sirop coloré : on répète cette opération à quelques jours d'intervalle et autant de fois qu'il est nécessaire pour avoir des pains de sucre bien pur. Ce résultat obtenu,

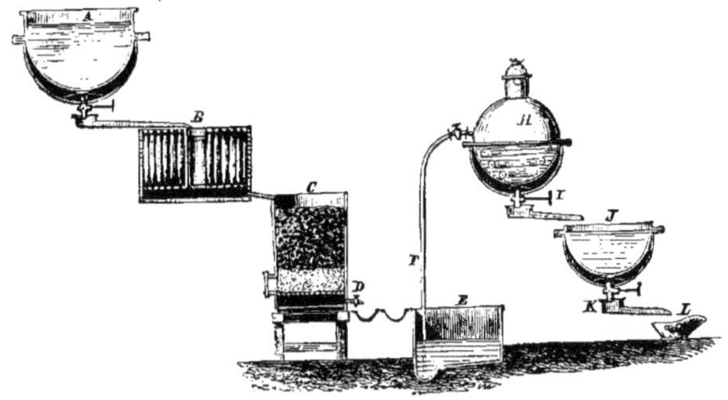

DISPOSITION DES APPAREILS POUR LE RAFFINAGE DU SUCRE.

on laisse la masse s'égoutter et prendre de la consistance ; on peut alors sortir le pain en retournant la forme et en la frappant sur une table. La pointe du pain par laquelle se sont écoulés les sirops est toujours un peu colorée ; on l'enlève au tour et on met les pains sécher, d'abord à l'air libre dans des greniers, puis à la chaleur d'une étuve.

Les sirops très colorés provenant des opérations du raffinage sont cuits à nouveau ; ils servent à faire des sucres en pains de seconde qualité (*lumps* ou *bâtardes*) et ensuite des sucres en grains de couleur foncée (*vergeoises*); il reste enfin une mélasse très épaisse, foncée en couleur, mais bien limpide et d'une saveur assez agréable. Une partie est consommée en nature; le reste passe à la distillation.

Un pain de sucre est composé de petits cristaux; mais on peut obtenir aussi des cristaux volumineux : c'est alors le *sucre candi*. Pendant le raffinage on a soin d'agiter le sirop qui cristallise, afin d'empêcher les cristaux de grossir; le sucre en gros grains serait difficile à blanchir par le clairçage et mettrait beaucoup de temps à fondre quand on s'en servirait.

Pour faire du sucre candi avec le sucre brut, on prépare un sirop que l'on clarifie et que l'on décolore absolument comme pour le raffinage; on le cuit ensuite à 40 degrés du pèse-sirop, on le verse dans des terrines et l'on abandonne celles-ci dans une étuve chauffée à 60 degrés. La cristallisation se fait lentement, à l'abri de toute agitation, et au bout d'une dizaine de jours on trouve les terrines tapissées de gros cristaux blancs ou ambrés, suivant la teinte du sirop employé.

L'ÉRABLE ET LE PALMIER A SUCRE.

Les sucres de canne et de betterave sont les seuls que l'on trouve dans nos pays; mais dans quelques contrées on retire cet utile aliment d'autres végétaux, de certains arbres, par exemple. Dans les parties occidentales des États-Unis, on trouve en abondance une variété d'érable dont la sève contient 2 à 3 pour 100 de sucre. Pour se la procurer, on perfore le tronc à la profondeur de 2 à 3 centimètres et on place un bout de tuyau incliné qui ne pénètre pas tout à fait au fond du trou ; au-dessous de cette espèce de gouttière se trouve un vase pour recevoir le liquide. Chaque arbre peut donner annuellement 120 litres environ de sève, dont on extrait par l'évaporation 2 kilogrammes de sucre cristallisé.

Le palmier *cleophora* fournit du sucre dans les parties méridionales de l'Inde et à Sumatra. C'est un arbre d'une hauteur de 30 mètres environ, dont la moelle, riche en

LE PALMIER A SUCRE OU SAGOUTIER VINIFÈRE.

fécule, donne du sagou et dont la sève est très sucrée. Les Indiens la récoltent en coupant un des jets destinés à porter les fruits et en ajustant à la section fraîche une calebasse dans laquelle le liquide se rassemble ; dans une grande culture, on voit chaque palmier muni d'un appareil de cette espèce. La sève est recueillie toutes les vingt-quatre heures et donne par l'évaporation un sucre aussi pur que celui de la canne.

La sève du palmier et celle de l'érable servent encore à fabriquer une sorte de vin ou de liqueur vineuse fort estimée dans les pays où on la récolte : il suffit d'abandonner la sève à elle-même, la fermentation s'y produit comme dans le jus de nos raisins.

On peut juger de l'importance relative de la production des différents sucres par les nombres suivants, donnés en 1867 par Payen. Ils représentent, suivant lui, la production annuelle du sucre dans le monde entier.

Sucre de canne....................	1 950 000 000	kilogrammes
Sucre de betteraves..............	580 000 000	—
Sucre de palmier.................	100 000 000	—
Sucre d'érable...................	20 250 000	—
Total.................	2 650 000 000	

Il n'est pas douteux que la production du sucre de betterave a beaucoup augmenté depuis cette époque.

3° Les fruits sucrés.

CERISES, ABRICOTS, PRUNES, POMMES, POIRES, ETC.

Les fruits, dans nos pays, peuvent être considérés comme des aliments de luxe. Sans doute, les fruits mûrs peuvent exercer une influence favorable sur la santé de l'homme, en contribuant à varier et à rendre plus agréable sa nourriture. Mais les matières nutritives qu'ils contiennent sont toujours mélangées à des principes acides; et ceux-ci présentent des inconvénients réels, lorsqu'on veut faire servir les fruits à remplacer une partie importante de la nourriture habituelle.

Le sucre est l'élément nutritif des fruits : il s'y développe pendant la maturation, sans que les principes acides des fruits verts diminuent d'une façon bien sensible ; leur saveur est simplement masquée par la saveur sucrée qui augmente avec l'état de maturité du fruit. On peut s'en convaincre par les résultats suivants, qui donnent la composition d'une poire avant et après la maturité.

	POIRE VERTE.	POIRE MÛRE.
	grammes.	grammes.
Eau.	86,3	83,9
Sucre.	6,4	11,5
Acide.	0,1	0,1
Principes divers.	7,2	4,5
	100.0	100.0

Il ne faut pas oublier, en outre, que les fruits contiennent des matières capables de produire la fermentation du sucre, ainsi que le prouve l'altération de tous les jus de fruits exposés à l'air. Il en résulte que l'emploi exagéré de ces aliments

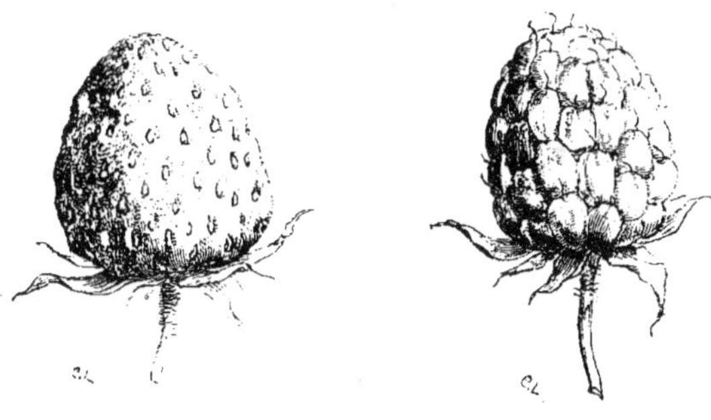

acides, chargés d'eau, fermentescibles, peu nourrissants, fatigue l'estomac et amène souvent une purgation dont les effets ne sont pas toujours avantageux.

Un grand nombre de fruits sont fournis chez nous par des plantes de la famille des rosacées; on les distingue communément en fruits à noyaux et fruits à pépins; il faut y joindre la fraise et la framboise.

De tous les fruits à noyaux, ceux qui contiennent le plus de

BRANCHE D'ABRICOTIER.

sucre sont certaines variétés de prunes (reine-claude ou mirabelle); la pêche, si remarquable par son parfum, est moins riche en principes sucrés. Voici d'ailleurs les résultats d'analyses de quelques fruits mûrs :

	ABRICOTS.	PÊCHES.	CERISES.	PRUNES REINE-CLAUDE.
	grammes.	grammes.	grammes.	grammes.
Eau	74,5	80,2	74.8	71,1
Sucre................	16,5	11.6	18.1	24.8
Acide malique........	1,8	1.1	2,0	0,6
Principes divers.......	7,2	6.1	5.1	3,5
	100,0	100,0	100.0	100.0

Les pommes et les poires renferment de 10 à 12 pour 100 de sucre; nous aurons du reste à revenir sur leur composition, quand nous parlerons de leur emploi à la fabrication du cidre.

Les fraises contiennent moins de sucre que les framboises, mais elles sont recherchées pour la finesse de leur parfum.

LES GROSEILLES

La groseille est de tous les fruits comestibles celui qui contient le moins de sucre (6 pour 100 seulement) et le plus d'acide (2,7 pour 100 d'acide malique ou citrique) : aussi assaisonne-t-on les groseilles avec du sucre pour les manger crues, ou bien les consomme-t-on à l'état de confitures. Elles doivent la propriété de se prendre en gelée à un principe particulier, nommé *pectine*, qui se rencontre également dans les pommes, les poires, les coings. Il suffit, pour obtenir la gelée de groseilles, de faire cuire le jus de ces fruits avec les trois quarts de son poids de sucre : après une cuisson suffisante, la masse liquide se prend en gelée transparente par le refroidissement; l'effet est bien plus certain, si l'on a soin d'ajouter du jus de framboises à celui des groseilles. Les gelées de pommes et de coings se préparent en faisant bouillir dans l'eau les fruits coupés en tranches : la pectine se dissout dans l'eau et l'on obtient un liquide qui, mêlé avec du sucre et évaporé par la cuisson, fournit de la gelée en se refroidissant. Il arrive souvent que, pour leur donner plus de consistance et pour économiser les fruits, les marchands ajoutent aux gelées de pommes et de coings un peu de gélatine animale : il n'est pas besoin de dire qu'il y a là une fraude coupable.

Outre la groseille ordinaire, fruit du *groseillier à grappes*, la famille des grossulariées renferme encore le *groseillier épi-*

neux ou *groseillier à maquereau* et le *groseillier noir* ou *cassis :* leurs fruits sont également comestibles.

Nous ne parlerons ici que pour mémoire des raisins : quelle que soit la beauté des variétés recherchées pour la table, telles que les chasselas, leur emploi comme aliment est insignifiant si on le compare à l'usage du raisin pour la fabrication du vin (voy. p. 195).

LES ORANGES

La famille végétale des aurantiacées est remarquable par la richesse des parfums contenus dans ses fleurs, ses feuilles et

ses fruits. Ceux-ci, dont les plus connus sont l'orange et le
citron, contiennent un acide particulier, puissant, l'acide citrique, que l'on rencontre aussi, mais en moindre proportion

ORANGER.

dans d'autres végétaux. Les différentes variétés d'oranger
sont originaires d'Asie, probablement de l'Inde, peut-être de
la Chine : elles se sont répandues en se propageant graduellement vers l'ouest, et sont aujourd'hui cultivées dans les régions

chaudes qui entourent la Méditerranée. La France possède de grandes cultures d'orangers dans la basse Provence, les Alpes-Maritimes, la Corse et l'Algérie.

Les principales espèces d'oranger sont : l'*oranger à fruit doux*, dont tout le monde connaît les fruits; l'*oranger à fruit amer* ou *bigaradier*, dont on récolte surtout les fleurs; le *bergamotier*, renommé pour l'essence que l'on retire de ses fleurs et du zeste de ses fruits; le *limonier* ou *citronnier*; enfin le *cédratier*, qui porte les fruits les plus volumineux de tous les orangers. Ces deux dernières espèces sont celles qui exigent le climat le plus chaud. Le bigaradier est, au contraire, celui qui supporte le mieux de légers froids. Le nombre de fruits récoltés varie beaucoup d'une espèce à l'autre : un citronnier adulte peut donner 6000 citrons; un oranger à fruits doux, 3000 oranges, et un bigaradier, 4000 : le produit d'un bergamotier ne dépasse pas 250 et celui d'un cédratier est de 40 à 50 fruits. Les feuilles et les fleurs de l'oranger, surtout du bigaradier, sont aussi l'objet d'un commerce important : on peut récolter environ 20 kilogrammes de fleurs sur un oranger et 40 sur un bigaradier. On les distille avec de l'eau et l'on obtient un liquide aromatique, l'eau de fleurs d'oranger, au-dessus duquel vient nager une huile très parfumée que l'on sépare : c'est l'*essence de néroli*.

Le citronnier donne des fruits pendant toute l'année; le même arbre porte des fleurs, des fruits verts et d'autres arrivés à maturité. La récolte des bigarades se fait en septembre : les unes fournissent l'écorce d'oranges amères employée en pharmacie et dans la confection de la liqueur nommée *curaçao*; les autres sont confites dans le sucre et prennent alors le nom de *chinois*. Les oranges proprement dites sont récoltées en trois fois : 1° vers la fin d'octobre, alors qu'elles commencent à jaunir; ce sont celles que l'on expédie au loin; 2° en décembre; les fruits sont à moitié mûrs et peuvent encore se transporter; 3° enfin en printemps, à l'état de maturité; ce sont les plus sucrés, mais ils supportent mal les voyages. Les oranges les plus estimées sont celles du Portugal, de Malte et des Açores.

Le jus de citron possède une saveur fortement acide, mais agréable : employé à aromatiser l'eau sucrée, il constitue la limonade ; mais il rend surtout d'importants services à bord des navires, dans les grandes expéditions. C'est l'antiscorbutique par excellence : lord Axson et le capitaine Cook furent les premiers qui l'employèrent pour préserver leurs équipages du terrible scorbut. Le *lime-juice* des marins est du jus de citron additionné de 10 pour 100 d'eau-de-vie, afin d'en assurer la conservation.

LE MELON

Les fruits des cucurbitacées, le melon et le potiron, con-

MELON CANTALOUP

tiennent un jus sucré qui pourrait à la rigueur servir à la fabrication du sucre en pains, car la matière sucrée qu'il renferme est identique à celle de la canne et de la betterave. Le potiron atteint d'énormes dimensions : il ne peut se manger qu'après avoir été cuit et assaisonné. On y ajoute souvent du lait; on peut aussi en faire de bonnes confitures.

La pulpe du melon est fortement chargée d'eau, peu nourrissante et d'une digestion souvent difficile, à cause du tissu cellulaire qu'elle contient. La variété la plus recherchée est le *cantaloup*, à superficie jaunâtre, verruqueuse, à côtes saillantes. Le *melon maraîcher* ou *melon brodé*, à surface réticulée, est de qualité bien inférieure. On récolte dans le Midi des melons très sucrés, mais un peu fades : tels sont les melons de Malte à chair rouge ou blanche et les melons d'hiver à chair blanche ou verdâtre.

LES FIGUES

Le figuier appartient à la même famille végétale que le mû-

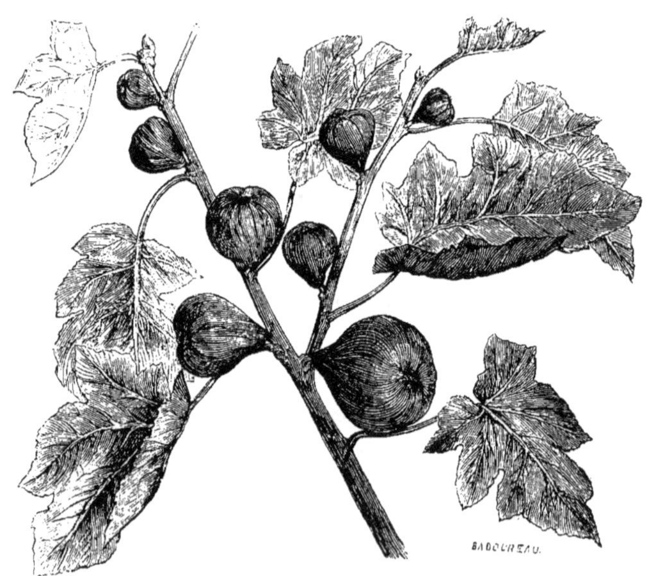

BRANCHE DE FIGUIER.

rier et porte, comme ce dernier, des fruits extrêmement riches en sucre. Il croît spontanément dans toutes les parties chaudes de l'Europe, de l'Asie et dans le nord de l'Afrique. Il a été introduit en Gaule par la colonie phocéenne qui fonda Marseille; sa culture est maintenant générale dans le midi de la France et en Algérie.

Le singulier mode de floraison du figuier a fait longtemps méconnaître ses fleurs; on le regardait comme donnant des fruits sans avoir préalablement fleuri. Mais, en 1712, le botaniste La Hire décrivit les fleurs contenues dans l'intérieur de l'enveloppe en forme de poire que tout le monde connaît, et que l'on regardait jusqu'alors comme un fruit. La figue n'est qu'un réceptacle charnu entourant de nombreux petits fruits pulpeux, contenus dans son intérieur. Elle est d'abord gorgée d'un suc laiteux qui se transforme à la maturité en liquide très sucré; en même

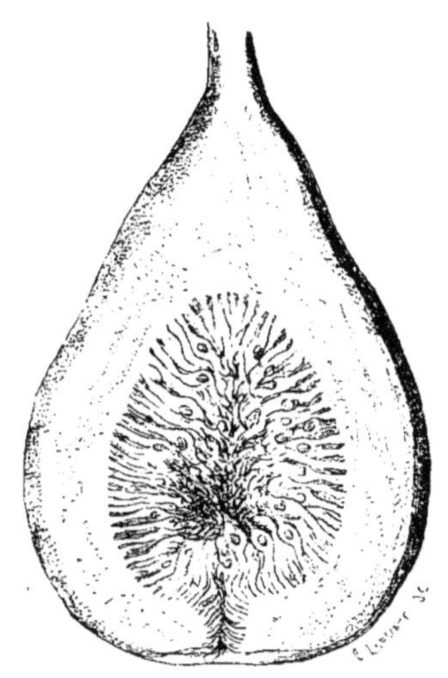

FIGUE COUPÉE PAR LE MILIEU.

temps, l'épiderme se colore et la figue devient pendante. C'est à ce moment qu'on la cueille pour la manger fraîche; celles qu'on veut sécher se cueillent très mûres, même légèrement flétries. On les place ensuite sur des claies que l'on expose au soleil et que l'on couvre pendant la nuit; quand les figues sont assez sèches, on les aplatit et on les met en caisses. À l'état frais, la figue joue un rôle important dans l'alimentation des populations méridionales; desséchée, elle peut s'expédier au loin.

L'ANANAS

L'ananas est originaire de l'Amérique du Sud. La plante qui le fournit porte une tige de 60 à 70 centimètres, terminée par un bouquet de feuilles ; au-dessous de celui-ci se développe une couronne de fleurs qui entoure la tige; les fruits produits par chacues d'elles se soudent de façon à former une masse

ANANAS ET FRUITS DIVERS.

ovoïde, taillée à facettes comme une pomme de pin. D'une couleur jaune quand il est mûr, ce fruit est alors sucré, fondant et très parfumé. On cultive beaucoup l'ananas en serre, mais les fruits qu'il fournit alors sont moins savoureux que dans son pays d'origine.

LES DATTES

Fraîche ou sèche, la datte est un excellent fruit : elle constitue, avec le riz, la base de la nourriture de plusieurs peuples de l'Orient et, en particulier, des Arabes des bords du golfe Persique, du Tigre et de l'Euphrate. Le nom de datte vient du grec *dactylos*, doigt, et rappelle la ressemblance de ce fruit avec le doigt de la main.

DATTIERS.

L'arbre qui produit les dattes, le dattier (*phœnix dactylifera*), est un des plus beaux palmiers qui existent. Connu de toute antiquité, il est cultivé dans les Indes, en Perse, en Syrie, en

Arabie et dans l'Afrique septentrionale. Ses grandes feuilles ou palmes, de 3 à 4 mètres de long, étaient autrefois l'emblème du triomphe et l'ornement des fêtes religieuses. On cultive même le dattier pour cet usage, en Italie, à la Bordighiera : ses fruits n'y arrivent pas à maturité, mais on récolte ses feuilles pour le dimanche des Rameaux. La tige du dattier atteint quelquefois 25 ou 30 mètres : elle s'élève en colonne de forme élancée, et possède dès l'origine la grosseur qu'elle doit conserver ; elle est tantôt nue, tantôt couverte des débris laissés par la base des feuilles qui sont tombées.

Le dattier préfère les terrains sablonneux, légèrement humides : il se plaît sur les bords des rivières, de la mer et surtout des grands lacs salés, tels que les chotts de l'Algérie et de la Tunisie. Aussi la région comprise entre l'Atlas et le Sahara, le Maroc et le territoire de Tripoli a-t-elle reçu le nom de pays des dattes (Belud-el-Djerid) : elle est remplie d'oasis, où campent les Arabes et les Berbères nomades, et dans lesquelles on compte les dattiers par centaines de mille. Cet arbre est dioïque, c'est-à-dire qu'il y a des pieds mâles et des pieds femelles : ces derniers portent seuls des fruits; aussi cherche-t-on à les multiplier dans les cultures. C'est pour cela que l'on ne sème pas le dattier, on le plante par boutures, et, en choisissant celles-ci sur des pieds femelles, on est certain d'avoir un arbre qui donnera des fruits. Comme les pieds mâles sont nécessaires pour la fécondation des fleurs, on a soin d'en planter une bordure autour des oasis. Les Arabes ont recours aussi à la fécondation artificielle : ils cueillent des rameaux fleuris de dattiers mâles et secouent le pollen de leurs fleurs au milieu des plantations.

Dès l'âge de cinq ans, le dattier commence à produire. Les fruits sont disposés en longues grappes ou *régimes* : un arbre adulte porte de dix à douze régimes, quelquefois une vingtaine, et chacun d'eux peut contenir de 8 à 10 kilogrammes de fruits. Il y a trois espèces de dattes : 1° celles que l'on cueille vertes

et que l'on met sécher au soleil pour en achever la maturation;
elles ont alors la consistance de nos pruneaux; 2° les dattes
très mûres, que l'on presse et d'où l'on retire ainsi un liquide
mielleux, d'une saveur exquise; on peut aussi les conserver
au frais dans des pots, et ce sont alors les plus recherchées;
3° les dattes ordinaires, employées comme nourriture par la
population indigène ou bien exportées au dehors.

LA BANANE

De tous les fruits à pulpe, c'est peut-être celui du bananier
qu est le plus employé comme aliment. La banane forme
la nourriture habituelle des habitants des régions chaudes :
entre les tropiques, sa culture est aussi importante que
celle des graminées et des tubercules farineux dans la zone
tempérée. La facilité de cette culture, l'abondance des récoltes, la diversité d'aliments fournis par la banane, suivant
son degré de maturité, font de cette plante un objet d'admira-
tion pour le voyageur européen. C'est le bananier qui a permis
ce proverbe si consolant de la zone équatoriale : « Personne
ne meurt de besoin en Amérique. » Dans la plus pauvre cabane,
on accueille et l'on nourrit celui qui a faim. Dans les basses
contrées, là où la température moyenne est de 25 degrés environ, 100 kilogrammes de fruits valent à peine 1 franc.

Le bananier (*musa paradisica*) se propage et se plante par
drageons, c'est-à-dire au moyen de rejets enracinés provenant
d'une plante mère. Chaque plant donne plusieurs tiges, souvent six ou sept, et chacune d'elles fleurit au bout de neuf à
dix mois ; le fruit met ensuite trois mois à se développer. En
même temps, la plante se renouvelle sans cesse par des tiges
partant du sommet de la racine : de sorte que l'on trouve sur
une même souche des fruits plus ou moins avancés, des régimes couverts de fleurs et de jeunes tiges qui se préparent
pour l'avenir. Pendant les plus grandes sécheresses, le sol

abrité par le bananier est toujours humide : ses énormes feuilles, qui lui ont valu le nom de *figuier d'Adam*, se refroidissent pendant les nuits étoilées, condensent la vapeur contenue dans l'atmosphère et se couvrent d'une abondante rosée quelles versent au pied de la plante.

La grappe ou régime de bananes pèse jusqu'à 20 kilogrammes, et chaque plant peut produire trois régimes par an, environ 50 kilogrammes de fruits. La pulpe de la banane est enveloppée d'une cosse épaisse, non comestible, se détachant facilement et dont le poids est le tiers de la masse totale.

La banane verte ne contient pas de sucre, mais seulement de la fécule : aussi joue-t-elle dans l'alimentation le rôle du pain ou de la pomme de terre. Cuite sous la cendre et mangée avec du *tasajo*, ou viande salée, elle forme une nourriture très substantielle. Pour les voyages en mer ou dans l'intérieur des terres, on fait une provision de bananes vertes, séchées au four, que l'on mange après les avoir fait tremper et bouillir dans l'eau.

Complètement mûre, la banane n'est plus farineuse, mais sucrée et légèrement acide. On la mange rôtie ou frite dans la graisse. Mais, le plus ordinairement, on la consomme à demi mûre, à un état intermédiaire entre l'état farineux et l'état sucré. On la fait rôtir, et sa saveur rappelle alors celle de la châtaigne, avec un goût de beurre frais. Quant à sa valeur nutritive, elle doit se rapprocher beaucoup de celle de la pomme de terre.

4° Le sucre de fécule.

On trouve dans le commerce sous les noms de *glucose*, *sucre de fécule*, *sirop de fécule*, *sirop de blé*, une matière sucrée ayant une origine différente de celles dont nous avons parlé. C'est un produit de la transformation de la substance amylacée : on peut donc l'obtenir avec toutes les matières féculentes.

BANANIER.

Deux procédés sont employés pour la fabriquer : la saccarification par l'orge germée ou *malt* et la saccarification par les acides

Il se développe dans toutes les graines farineuses que l'on fait germer, une substance particulière, nommée *diastase*, qui a la propriété de transformer l'amidon en sucre : elle agit dans le monde végétal comme la salive et le suc pancréatique dans la digestion animale. Que l'on prenne de l'orge germée, comme celle que fabriquent les brasseurs, on lui trouvera une saveur franchement sucrée : elle ne contient plus d'amidon, mais bien du sucre. Elle renferme, en outre, un excès de diastase qui pourrait agir sur de la fécule qu'on y ajouterait, et la changer aussi en sucre. Pour cela, dans une chaudière chauffée à la vapeur on introduit 350 à 400 litres d'eau, qu'on porte à 25 ou 30 degrés ; on y délaye 5 à 6 kilogrammes d'orge germée moulue et on chauffe jusqu'à 75 degrés, température la plus favorable à l'action de la diastase. On ajoute alors peu à peu 100 kilogrammes de fécule : la masse, d'abord épaisse et visqueuse, devient liquide comme de l'eau. Au bout d'une demi-heure environ, la transformation est complète. On porte le liquide à l'ébullition pendant quelques instants, et on le filtre sur le noir animal ; il ne reste plus qu'à l'évaporer pour obtenir un produit incolore, d'une saveur sucrée, et tellement épais que l'on peut presque retourner le vase sans qu'il s'écoule : c'est le sirop de fécule.

Quand on opère au moyen des acides, on emploie de grandes cuves en bois contenant 5 à 600 litres d'eau aiguisée d'un ou deux centièmes d'acide sulfurique. On fait bouillir au moyen d'un jet de vapeur amené par un tuyau de plomb percé de trous, et l'on ajoute la fécule. Au bout de quelques heures d'ébullition, elle est changée en sucre. Il faut alors faire disparaître l'acide. On se sert pour cela de craie : elle forme avec l'acide sulfurique un composé, le sulfate de chaux ou plâtre, qui ne se dissout pas dans l'eau et se dépose. On filtre sur le noir et on fait évaporer le liquide pour l'amener à l'état de sirop. En le concentrant davantage, de manière à chasser toute l'eau, et en le laissant ensuite refroidir dans des tonneaux, on obtiendrait une masse solide d'un blanc jaunâtre : c'est la *glucose*.

Les sucres de fécule sont surtout employés par les brasseurs ; on en fait également des sirops communs, moins chers que le sirop de sucre ; on les ajoute dans le jus de raisins avant la fermentation ; on les mélange aux cassonades et au miel. En un mot, ils servent le plus souvent à introduire frauduleusement dans les produits alimentaires une substance sucrée de peu de valeur : et cependant on en consomme des milliers de kilogrammes.

On donne quelquefois dans le commerce le nom de glucose au sucre de raisin : il est également d'un blanc jaunâtre et ressemble aux cristallisations blanchâtres que tout le monde a vues sur les raisins secs, les figues, les pruneaux. Il n'est pas besoin de dire que ce produit est bien préférable au sucre de fécule.

5° Le miel.

Quoique ayant une origine animale, le miel présente dans ses propriétés les plus grandes analogies avec les substances sucrées végétales. C'était du reste presque le seul sucre employé par les anciens ; la découverte de l'Amérique, d'où nous tirons le sucre de canne, et la culture de la betterave dans nos pays ont beaucoup diminué son importance. Cependant on s'en sert encore pour faire certaines confitures, pour sucrer des liqueurs (marasquin de Zara), pour confectionner le pain d'épices, enfin pour fabriquer une boisson fermentée, usitée en Russie et en Pologne, et connue sous le nom d'*hydromel*.

Les abeilles déposent le miel dans des gâteaux de cire formés de cellules hexagonales : il s'y trouve à l'état liquide ou sirupeux, mais se fige presque complètement quand il a été extrait des rayons. C'est un mélange de deux sucres, l'un semblable au sucre de raisin, l'autre identique au sucre de canne; le miel contient en outre des principes aromatiques et colorants, qui varient avec la nature des plantes sur lesquelles les abeilles vont butiner. Quand ce sont des labiées, thym, mélisse, menthe, le miel est excellent; il prend une saveur résineuse et agréable dans le voisinage des sapins; enfin, il peut devenir malsain et même vénéneux, si les abeilles rencontrent de la jusquiame, de l'aconit ou d'autres plantes analogues.

Il semblerait donc que le miel soit un produit végétal simplement récolté par les abeilles. Bien que cette question soit encore douteuse, il est fort probable que l'insecte modifie par un travail intérieur le nectar qu'il puise dans les fleurs : celui-ci n'a pas, en effet, exactement la même composition que le miel; et, d'autre part, le grand naturaliste Huber a reconnu que des abeilles nourries exclusivement de sucre de canne continuaient à fabriquer du miel, et que celui-ci contenait de la glucose : il avait donc été transformé par la digestion dans l'estomac de l'insecte.

Le miel le plus pur s'obtient en faisant simplement égoutter les gâteaux : celui qui coule alors s'appelle le *miel vierge* ; en pressant ensuite les rayons, on extrait un miel plus coloré et moins agréable au goût. Les miels les plus renommés sont ceux du mont Hymette, des Baléares, des îles de l'Archipel, de Cuba ; en France, on en récolte dans le Gâtinais, aux environs de Narbonne, en Normandie, dans le Jura.

CHAPITRE VI

ALIMENTS DIVERS ET ASSAISONNEMENTS

1° Aliments gras végétaux.

La graisse est un aliment précieux ; c'est celui qui, en se brûlant dans l'organisme, dégage le plus de chaleur : aussi compte-t-elle pour beaucoup dans le pouvoir nutritif de la viande ou du lait. Séparée du lait par le battage et des tissus animaux par la fusion, la matière grasse animale entre, sous les noms de beurre, de graisse, de saindoux, dans la préparation de très nombreux aliments.

Beaucoup de graines et de fruits contiennent des graisses végétales, différant fort peu dans leur constitution chimique de la graisse animale, et pouvant être utilisées comme aliments. Elles sont associées à des matières albuminoïdes azotées, de sorte que les graines oléagineuses contiennent, sous une forme condensée, les matériaux plastiques et les principes combustibles les plus précieux. Ce seraient des aliments de premier ordre, s'ils n'étaient d'une digestion très difficile : tout le monde sait, en effet, que les amandes, les noix, les noisettes sont fort lourdes à l'estomac. L'appareil digestif de l'homme ne peut, comme celui des oiseaux, utiliser tout ce que les graines oléagineuses renferment de principes nutritifs. Pour tirer parti de la matière grasse alimentaire, il faut, en général, l'isoler du reste de la graine et la faire entrer ensuite dans des préparations plus faciles à digérer.

La proportion de matière grasse contenue dans les végétaux est très variable et souvent fort considérable. Ainsi l'amande de coco, séchée au soleil, contient 80 pour 100 de principes gras; la noisette, 60 pour 100; la noix, 50; le sésame, 53; le pavot ou œillette, 48; l'arachide, 47; l'amande, 46; le cacao, 38; la navette, 30; le chènevis, 25; la muscade, 22; l'olive, 21; la faîne (fruit du hêtre), 15.

Quelques matières grasses végétales sont solides et désignées sous le nom de *beurres*; mais la plupart sont liquides à la température ordinaire, et constituent des *huiles*. Nous citerons, parmi les premiers, les beurres de coco et de palme, extraits des fruits de deux palmiers, le cocotier et l'éléide de Guinée, le beurre de cacao (voy. p. 219), le beurre de muscade, etc. Pour les obtenir, on presse les graines entre des plaques métalliques chaudes, ou bien on les fait bouillir avec de l'eau, après les avoir écrasées. Dans le dernier cas, le corps gras fondu se rassemble à la surface de l'eau et se fige par le refroidissement. Les huiles employées comme aliment sont celles d'olive, de sésame, d'arachide, de noix, de noisette, de faîne, de pavot ou œillette, enfin d'amandes douces : elles sont très fluides et s'extraient presque toujours par une pression à froid.

De toutes ces huiles, la plus importante est l'huile d'olive. L'olivier croît, à l'état sauvage, dans l'Atlas, en Syrie, en Arabie. Il fut introduit très anciennement en Grèce et la mythologie attribue ce bienfait à Minerve, fondatrice d'Athènes. L'olivier passa de Grèce en Italie : la Gaule le reçut d'Asie Mineure, d'où l'apportèrent les Phocéens, qui bâtirent Marseille.

La couleur et la saveur de l'huile d'olive varient avec le degré de maturité des fruits et avec le procédé d'extraction employé. Les olives dont la maturité est incomplète donnent une huile légèrement verdâtre, ayant à un haut degré l'odeur et le goût de fruit. Avec les olives très mûres, on obtient une

huile jaune, d'une saveur douce et d'une odeur à peine sensible. Quant au procédé de fabrication, celui qui donne la

BRANCHE D'OLIVIER.

première qualité d'huile consiste dans l'emploi d'une pression
exercée à froid : il fournit l'*huile vierge*. Une seconde qualité,

l'huile ordinaire pour la table, s'obtient en délayant dans l'eau bouillante la pulpe des olives qui ont fourni l'huile vierge, et en la soumettant à une nouvelle pression. L'huile entraînée par l'eau est d'une belle couleur jaune, moins agréable au goût, moins fluide et plus disposée à devenir rance que l'huile vierge ; une partie est employée comme huile fine à graisser les machines.

L'huile d'olive du midi de la France, celle de la Provence notamment, offre, en général, les meilleures qualités comestibles : on la préfère avec raison, aux huiles d'Italie, de Grèce, d'Espagne ou de Syrie. Les olives récoltées maintenant en Algérie donnent aussi des huiles de très bonne qualité.

Les autres huiles comestibles employées sont : dans le Midi, celles de sésame, d'arachide et de noix; dans le Nord, l'huile d'œillette. Les premières ont une saveur agréable quand elles sont fraîches, mais elles prennent rapidement un goût de rance très prononcé ; l'huile d'œillette est presque sans couleur et sans goût. Aussi peut-on la mélanger frauduleusement, même en proportion considérable, avec l'huile d'olive.

2° Légumes verts.

Nous désignons sous le nom de légumes verts les feuilles et les autres parties comestibles des végétaux, qui sont consommées à l'état frais et nous sont fournies par la culture maraîchère. La plupart des feuilles alimentaires, les salades par exemple, sont soumises à un mode de culture qui les met, pendant un certain temps du moins, à l'abri de la lumière : on évite ainsi la formation de la matière verte et de certains principes amers qui l'accompagnent; les tissus restent blancs, très tendres, mais fort peu nutritifs.

La proportion d'eau contenue dans les aliments herbacés est au moins de 90 p. 100 et peut s'élever à 98 et 99 p. 100 : des traces de matières albuminoïdes azotées et de sucre y sont

Presse pour extraire l'huile des olives.   Meules pour réduire les olives en pulpe.

FABRICATION DE L'HUILE D'OLIVE EN GRÈCE.

dissoutes. Quant à la partie solide, elle est formée presque exclusivement de tissu cellulaire végétal, de cellulose, c'est-à-dire d'une matière non nutritive; car les sucs digestifs sont sans action sur elle et ne peuvent la dissoudre. Aussi les aliments de cette nature sont-ils insuffisants pour soutenir la vie. On dit qu'Héraclite, s'étant retiré par misanthropie dans les montagnes et y ayant vécu de légumes et d'herbages, devint hydropique et mourut. En 586, sous le roi Gontran, une famine désola la France : les malheureux réduits à vivre de racines, de fougères, et surtout de blé coupé vert comme du foin, périrent également hydropiques. En 1816, des pluies continuelles détruisirent les récoltes dans les départements de l'Ain, du Jura, du Doubs, de la Haute-Saône, des Vosges, de l'Yonne et de Saône-et-Loire. Les habitants, après avoir épuisé les provisions de pommes de terre, d'avoine, de son, se répandirent dans les prés et dans les champs. Pendant les mois d'avril, mai et juin 1817, ils vécurent de salsifis, d'oseille sauvage, d'orties, de chardons, de feuilles de fèves, qu'ils faisaient cuire à la manière des épinards. La mortalité fut énorme pour ces malheureux et l'on constata encore de nombreux cas d'hydropisie.

Les légumes herbacés ne jouent donc dans l'alimentation que le rôle d'auxiliaires : ils permettent de varier les formes, la consistance, la saveur des aliments; ils y introduisent de l'eau, quelques sels minéraux utiles; ils remédient enfin à l'excès de matière nutritive contenue dans une alimentation trop riche en viandes. L'appareil digestif de l'homme n'est pas celui d'un carnivore : aussi est-il bon que la viande soit mélangée de matières moins nourrissantes. C'est là le sens qu'il faut attribuer à cette croyance que le régime de la viande est échauffant et que les légumes sont des rafraîchissants. La propriété de nourrir d'une manière convenable ne dépend pas seulement de la quantité des principes nutritifs, mais aussi du volume des aliments : à une nourriture concentrée on doit donc ajouter des substances moins nourrissantes, offrant aux organes digestifs une masse suffisante pour l'exercice de leur action.

Les différentes variétés de salades, chicorée, scarole, romaine, laitue, pissenlit, appartiennent à la famille des composées : elles ne servent d'aliments que par l'huile et les assai-

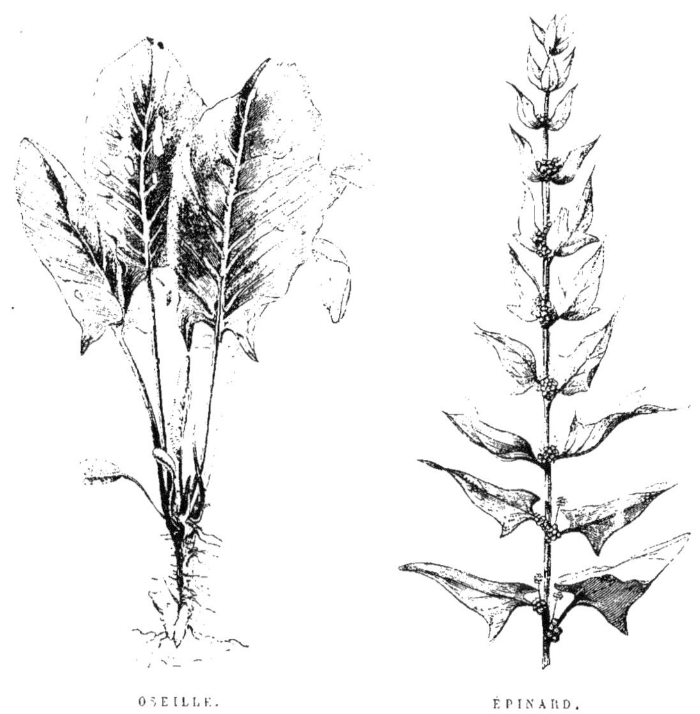

sonnements qu'on y ajoute ; la mâche ou doucette est dans le même cas. Le cresson, de la famille des crucifères, contient une essence sulfurée à laquelle il doit sa saveur et des propriétés antiscorbutiques très développées. L'épinard n'a ni goût, ni vertus spéciales. L'oseille contient un acide énergique uni à la potasse, combinaison qui constitue le sel d'oseille. L'acidité très prononcée de l'oseille est sans inconvénient, quand la consommation en est restreinte ; dans le cas contraire, il est bon de faire tremper les feuilles et de les laver largement avant de les faire cuire.

Les choux sont très anciennement connus et cultivés. Comme la plupart des crucifères, ils sont antiscorbutiques et contiennent des principes sulfurés : aussi l'eau dans laquelle on les fait cuire dégage-t-elle au bout de peu de temps une odeur très fétide. D'une digestibilité médiocre, le chou exige une cuisson prolongée ; il se mêle agréablement à la viande, surtout au lard, et rend ainsi de grands services aux habitants des campagnes. Les variétés potagères de chou sont très nombreuses ; on peut citer : 1° les *choux cabus* ou pommés, tels que le *cœur de bœuf*, le *chou quintal* ou *chou d'Allemagne*, le chou pommé rouge ; 2° les *choux de Milan* ou *choux frisés*, dont l'une des variétés, le chou à jets ou *chou de Bruxelles*, porte à l'aisselle des feuilles des bourgeons pommés, tendres, que l'on cueille à mesure qu'ils se développent ; 3° les *choux verts* non pommés, dont une espèce, le *chou cavalier*, atteint jusqu'à deux mètres de hauteur ; 4° les *choux-fleurs* chez lesquels les jeunes rameaux se transforment en un renflement ou masse charnue, blanche, de forme mamelonnée et fort bonne à manger ; 5° les choux à racine charnue ou *choux-raves*.

Le gros chou blanc, ou chou d'Allemagne, sert à préparer la *choucroute*, conserve de chou fabriquée avec le sel. On enlève la portion centrale des choux, et on les découpe en tranches minces au moyen d'une sorte de rabot ; les rubans sinueux ainsi obtenus sont placés par couches dans un tonneau, en alternant avec de minces couches de sel, et en ayant soin de tasser la masse avec une bûche de bois. Quand le tonneau est plein, on recouvre le tout avec une toile et un disque de bois que l'on charge de pierres. Au bout de quelques jours, on fait écouler le liquide assez infect dans lequel baignent les choux, et on le remplace par une saumure fraîche. Ainsi préparée, la choucroute est un aliment plus salubre et plus facile à digérer que le chou; c'est un excellent antiscorbutique. Le capitaine Cook, pendant une navigation de trois années, en fit donner deux fois par semaine à son équipage et parvint à le maintenir en bon état de santé. Aussi les Anglais font-ils pour la marine de grands approvisionnements de choucroute.

Les jeunes pousses de l'asperge sont recherchées pour leur agréable saveur; celles du houblon se mangent de même dans

CHOU DE CHOUCROUTE.

certains pays du Nord. L'artichaut comestible est une agglomération de fleurs cueillies avant leur entier développement; on y distingue : le *fond*, masse charnue qui porte les fleurs; le *foin*, dont chaque partie est une fleur non encore épanouie; les *feuilles*, espèces d'écailles qui enveloppent la masse florale.

Beaucoup de racines figurent parmi les légumes alimentaires. Tels sont : les salsifis, qui renferment un peu de fécule; les carottes, très riches en sucre cristallisable, et contenant, comme toutes les ombellifères, panais, céleri, un principe fortement aromatique; les navets et les radis dont les vertus nutritives sont des plus médiocres, car ils ne contiennent guère que de l'eau.

3° Les champignons.

Recherchés à cause de leur parfum, les champignons ont en outre un pouvoir alimentaire très notable : les bûcherons les

CHAMPIGNONS DE COUCHE.

mangent, après les avoir fait griller; dans certaines parties de l'Europe, en Pologne, en Russie, ils sont une ressource précieuse pour les gens de la campagne. A l'état frais, le champignon contient neuf dixièmes d'eau environ et un dixième seulement de principes solides, mais dont une moitié est formée de matière albuminoïde. Malheureusement les genres de champignons les plus communs, les *agarics* et les *bolets*

ou *ceps*, contiennent à côté d'espèces comestibles des espèces
vénéneuses au plus haut degré, et les différences qui existent
entre les unes et les autres sont souvent tellement minimes
qu'un œil exercé peut même s'y tromper. Les procédés indi-
qués pour les distinguer pendant la cuisson, tels que l'emploi
d'une cuiller d'argent, n'ont aucune valeur. Défiez-vous donc
toujours, à cet égard, de vos propres connaissances et de la
science des prétendus connaisseurs : d'autant plus qu'il suffit
d'un seul champignon vénéneux pour rendre tout un plat dan-

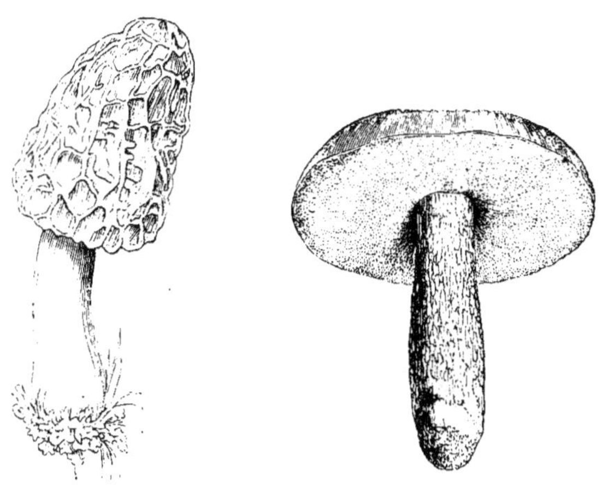

MORILLE.

BOLET OU CÈPE.

gereux. Ajoutons, en outre, que tous les champignons comestibles deviennent malsains quand ils sont trop avancés et
surtout gâtés. Les genres morille, clavaire et helvelle ne
contiennent pas d'espèces vénéneuses.

Le plus beau de tous les champignons comestibles est l'*agaric oronge*, assez rare dans le nord de la France, plus répandu
dans les forêts du Midi. L'*agaric champêtre* est reconnaissable
à la couleur rose chair des franges de son chapeau : elles
deviennent brunes en vieillissant. Ce champignon se cultive
dans les caves ou les carrières, et se vend sur tous les marchés.
L'*agaric chanterelle*, complètement jaune, est comestible

mais sans saveur. Les bolets ont le dessous du chapeau garni de tubes, et non de franges comme les agarics : dans le Midi, on fait une grande consommation du *bolet comestible, ceps* ou *cèpe*, dont la saveur rappelle la noisette. Certains amateurs lui préfèrent le *bolet bronze*, abondant dans tous les bois. Les *morilles* se trouvent surtout au pied des ormes et sur les places où l'on a fait du charbon de bois : leur pied est court et le chapeau présente une surface creusée d'alvéoles irréguliers, d'un brun plus ou moins pâle. Les cèpes et les morilles peuvent être séchés, conservés et employés ensuite après qu'on les a fait tremper dans l'eau tiède.

Il existe aussi des champignons souterrains dont le principal est la *truffe*. L'odeur qu'elle exhale trahit sa présence et la

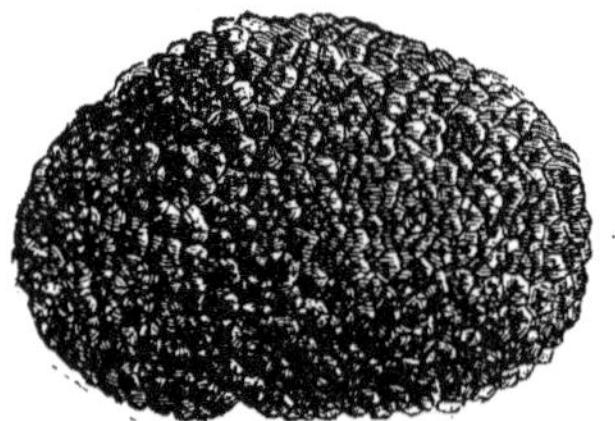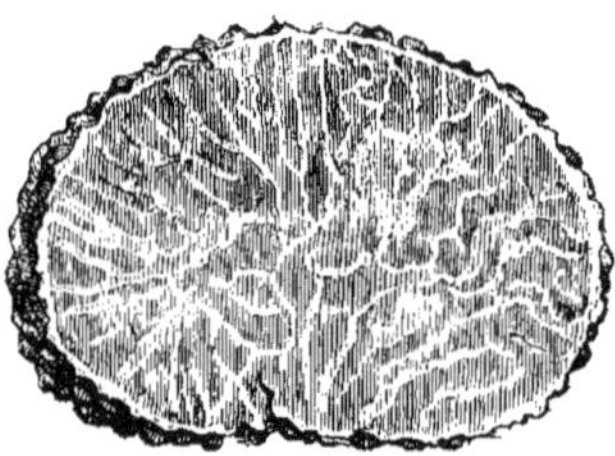

TRUFFE DU PÉRIGORD.

fait découvrir par les cochons ou les chiens dressés à cette recherche. La truffe du Périgord, noire en dedans et en dehors, est la plus estimée ; la truffe de Bourgogne, noire en dehors, blanche à l'intérieur, est beaucoup moins parfumée ; enfin la truffe de Provence, grisâtre dans toute sa masse, possède un parfum légèrement alliacé. Les truffes sont, comme tous les champignons, nutritives, mais indigestes.

4° Le sel.

Les huiles, les légumes, les champignons, ne sont fréquemment que de simples auxiliaires dans la préparation des aliments : tel est aussi le rôle des assaisonnements ou condiments. Ils stimulent les organes du goût et de l'odorat, les glandes salivaires et celles de l'estomac; ils concourent donc au but final de la nutrition en favorisant la dissolution des matières nutritives. Au reste, l'instinct dirige l'homme vers l'emploi des moyens propres à rehausser le goût des aliments : il recherche ceux qui ont une saveur agréable et lui *mettent l'eau à la bouche*, tandis qu'il se détourne des substances sans goût, qui lui laissent la bouche sèche.

Le premier des assaisonnements est une matière minérale, le sel commun ou sel de cuisine. Tous les hommes en font et en ont toujours fait usage; les animaux, particulièrement les herbivores, en sont très friands; et la prédilection des carnassiers pour le sang s'explique par la saveur de ce liquide, le plus salé de tous ceux du corps. Cette présence du sel dans le sang explique aussi pourquoi nous devons en manger : c'est un des éléments constitutifs du liquide nourricier, un de ceux qu'on doit lui fournir pour qu'il ait sa composition normale. On raconte que des seigneurs russes, voulant réaliser des économies, privèrent de sel leurs paysans. Ces malheureux devinrent malades, hydropiques; au bout de peu de temps leur santé était si délabrée, qu'il fallut de nouveau leur fournir cet aliment. Pendant le siège de Metz, en 1870, la privation la plus sensible fut le manque de sel; la viande de cheval devenait immangeable, faute de ce condiment auquel nous sommes habitués. Quelques peuplades d'Afrique vivent cependant privées de sel; mais il ne faut pas oublier que presque toutes les matières alimentaires en contiennent naturellement un peu. Chez ces hommes, le sel est, après l'or, ce dont on fait le plus de cas : une poignée suffit pour payer un esclave et même deux; pour du sel, les hommes vendent leurs femmes, les pères leurs enfants; aussi dans ces pays, dit-on d'un homme riche, qu'il assaisonne sa nourriture avec du sel.

A part ces rares exceptions, le sel est partout très abondant. Les eaux de la mer et celles de nombreux lacs sont plus ou moins salées: un litre d'eau de mer contient environ 30 grammes de sel, soit 30 kilogrammes par mètre cube d'eau de mer; pour certains lacs, la proportion de sel peut atteindre 2 et 300 kilogrammes par mètre cube d'eau. L'extraction du sel marin se fait sans grands frais. L'eau de mer est reçue dans de vastes bassins dont l'ensemble constitue un *marais salant*. Exposée

EXTRACTION DU SEL DE L'EAU DE MER (MARAIS SALANT).

en couche mince à l'action des rayons solaires, elle s'évapore et se concentre peu à peu; il arrive un moment où la quantité d'eau n'est plus suffisante pour retenir le sel en dissolution et celui-ci se dépose en cristaux. Comme l'eau de mer contient d'autres substances que le sel, on a soin de ne pas la laisser s'évaporer complétement. On la rejette lorsqu'elle a abandonné la plus grande partie de son sel, mais avant que les matières amères, moins abondantes que le sel, ne se déposent à leur tour.

Le sel se trouve encore en bancs dans l'intérieur de la terre, sous forme de pierre ou *sel gemme*. Dans quelques mines, à Wicliczka, par exemple, le sel gemme est d'une transparence parfaite, d'une pureté absolue, et peut être consommé, après avoir été simplement broyé. Mais le plus souvent il est terne, coloré, et doit être purifié avant de servir à l'alimentation. A cet effet, le sel gemme est mis au contact de l'eau, qui dissout le sel et laisse la terre ; on obtient ainsi une eau très salée, bien limpide, que l'on évapore dans de larges chaudières par l'action du feu. C'est ainsi que l'on fabrique le sel dans les départements de l'est de la France, Jura, Haute-Saône, Doubs, Meurthe-et-Moselle.

Le sel pur est en petits cristaux cubiques, ayant par conséquent la forme d'un dé à jouer et d'une blancheur parfaite. Les sels des marais-salants de l'Ouest sont toujours grisâtres, parce qu'ils contiennent un peu de terre provenant du sol du marais. Pendant longtemps, les consommateurs ont préféré le sel gris au sel blanc : c'est là un de ces préjugés contre lesquels il est bien difficile de lutter. Aussi les salines de l'Est, qui fabriquent du sel blanc, ont dû souvent y ajouter de la terre et le salir, afin de le faire accepter par beaucoup de marchands, notamment à Paris.

La quantité de sel nécessaire à la vie dépend de l'âge et de la constitution; une même personne peut d'ailleurs, sans inconvénient, en consommer des quantités assez variables; car le sel, de même que l'eau, ne fait que passer dans l'organisme. A la quantité introduite avec les aliments correspond une égale quantité rejetée par la transpiration et par les urines. Il ne faut pas cependant que les aliments soient trop salés; car le sel, au lieu d'être absorbé, produirait un effet contraire et agirait comme purgatif. La dose à employer peut être évaluée, en moyenne, à 10 ou 15 grammes par jour et par personne, soit environ 4 kilogrammes et demi par an.

A dose modérée, le sel excite la muqueuse de la bouche,

augmente la sécrétion de la salive et provoque l'appétit. La stimulation se propage à l'estomac; le suc gastrique est versé avec plus d'abondance et devient plus acide; la digestion est plus complète et procure au corps une plus grande quantité de principes réparateurs. Un repas non assaisonné de sel pèse sur l'estomac; les aliments ingérés se dissolvent lentement et d'une façon incomplète; les matières nutritives absorbées sont en moindre proportion. La présence du sel dans le sang contribue en outre à la conservation des globules du sang et à l'énergie de l'absorption intestinale.

5° Assaisonnements végétaux

A l'exception du sel, les matières employées comme assaisonnements sont d'origine végétale : elles doivent leurs propriétés à un acide, comme le vinaigre, à des essences sulfurées, comme l'ail et la moutarde, à des principes âcres, comme le poivre, ou bien enfin, comme le persil et le cerfeuil, à des principes aromatiques.

Les acides concentrés agissent comme des poisons : on ne peut donc introduire les acides dans l'alimentation qu'en les délayant dans une grande quantité d'eau. Ils peuvent alors réveiller l'appétit, calmer la soif et favoriser la digestion de matières indigestes, comme la salade. Leur usage prolongé fatigue l'estomac et amène un amaigrissement général. On a recours aux acides végétaux, et particulièrement au jus de citron, pour combattre le scorbut, cette affection si grave qui décime les équipages dans les régions polaires.

De tous les acides, le plus employé est l'acide acétique, sous forme de vin aigri ou de vinaigre. Tous les liquides alcooliques, le vin, la bière, le cidre, l'esprit-de-vin étendu d'eau, s'acidifient en présence d'un végétal particulier, d'une sorte de petit champignon, le *mycoderme du vinaigre;* sous son influence, l'alcool se brûle lentement à l'air et devient de l'acide acétique. La fabrication du vinaigre est l'application de ces principes. A Orléans, on emploie de petits tonneaux à large bonde, qui, servant depuis longtemps à l'opération, sont imprégnés de mycodermes. On les remplit à moitié de vinaigre, et on ajoute une vingtaine de litres de vin : en quinze jours, l'acidification est terminée; on retire alors 20 litres de vinaigre, que l'on remplace par une égale quantité de vin, et ainsi de suite.

La méthode allemande permet d'aller plus vite. Les tonneaux sont placés sur un de leurs fonds et remplis de copeaux de hêtre que l'on a fait macérer dans du vinaigre fortement imprégné de mycodermes : ils sont percés au tiers de la hauteur d'une rangée de trous pour permettre l'entrée de l'air, et portent à la partie supérieure une cloison remplie de petits trous. Dans chacun de ceux-ci est passée une ficelle retenue par un nœud. Le liquide à convertir en vinaigre est versé sur la cloison, s'écoule lentement le long des ficelles et tombe goutte à goutte sur les copeaux de hêtre : il y rencontre l'air

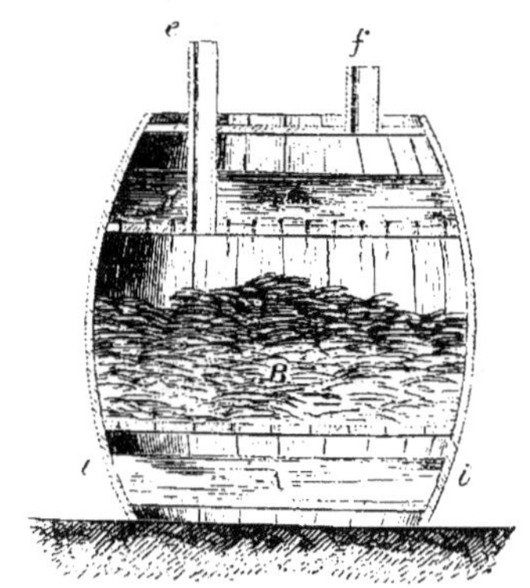

TONNEAU A VINAIGRE (MÉTHODE ALLEMANDE).

et les mycodermes et s'acidifie rapidement. En faisant passer le liquide successivement dans trois ou quatre tonneaux, on peut, en vingt-quatre heures, transformer en vinaigre tout liquide contenant 4 à 5 p. 100 d'alcool.

On obtient aussi de l'acide acétique par la distillation du bois et malheureusement on l'introduit dans la consommation, comme vinaigre, après l'avoir étendu d'eau.

Un certain nombre de fruits sont mangés comme stimulants après avoir été conservés dans le vinaigre; ce sont les cornichons, les câpres, les graines de capucines; on y ajoute quelquefois des haricots verts, des morceaux de choux-fleurs, etc.

Presque toutes les plantes de la famille des crucifères contiennent des essences sulfurées : nous avons déjà cité le cresson, et nous pouvons y ajouter le raifort et la moutarde. La poudre de racine de raifort est très estimée en Alsace et en

RADIS NOIR, CITRON, FRUITS CONFITS AU VINAIGRE, CAVIAR, MOUTARDE, PETITS RADIS.

Allemagne : c'est un puissant antiscorbutique. La farine de graines de moutarde délayée dans du verjus et aromatisée au goût du consommateur constitue la moutarde de table.

C'est encore à une essence sulfurée que les bulbes de quelques liliacées, ail, oignon, échalotte, poireau, rocambole, ciboule, doivent leur odeur et leurs propriétés irritantes. Leur principe actif produit dans la bouche une cuisson vive, suivie d'une abondante salivation; il stimule énergiquement l'estomac, facilite la digestion des substances les plus grossières et combat les effets des miasmes marécageux. Il s'élimine, avec son odeur désagréable, par la respiration et par la transpiration. Une cuisson prolongée modifie complètement les propriétés des oignons, de l'ail et des poireaux.

Dans les régions tropicales, une chaleur accablante amène une transpiration exagérée : l'organisme s'amollit, les fonctions

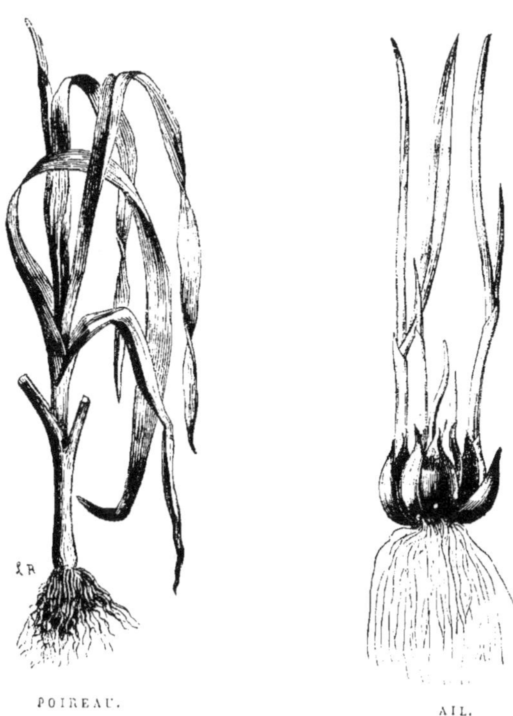

digestives languissent. Aussi l'indigène de ces pays emploie-t-il les assaisonnements les plus énergiques pour ranimer la vitalité des organes centraux : il est vrai qu'il dépasse ordinairement le but, et l'abus qu'il fait de ces stimulants abrège encore sa vie, déjà si courte sous ces climats. Parmi ces substances incendiaires que la nature a prodiguées aux pays chauds, nous citerons : le poivre (baies séchées du poivrier noir), le clou de girofle (bouton de la fleur du giroflier), la noix muscade et le macis (fruit du muscadier), le gingembre, enfin les différentes variétés du piment ou poivre long, fruit du *capsicum*, plante de la famille des solanées. Le seul de ces condiments qui soit constamment employé chez nous est le poivre.

BRANCHE DE GIROFLIER.

Les poivriers sont des arbustes des îles de la Sonde, des Philippines et de l'Inde. La culture s'en est propagée et fut introduite dans les colonies françaises par Poivre, intendant général des îles de France et de Bourbon. L'espèce la plus importante est le poivrier noir, dont les baies séchées fournissent le poivre ordinaire. Lorsqu'on les laisse bien mûrir et qu'on les dépouille de leur écorce, elles donnent par le broyage le poivre blanc, dont la saveur est moins forte et que l'on préfère généralement pour la table.

Les poivriers fournissent encore deux substances enivrantes et dont l'usage amène l'abrutissement plus ou moins rapide des consommateurs. L'une est le *bétel* : c'est la feuille d'un poivrier que mâchent les Orientaux, comme les marins mâchent

BRANCHE DE POIVRIER.

le tabac. L'autre est le *kava* : cette boisson, dont un verre enivre instantanément celui qui le boit pour la première fois, est préparée avec la racine d'un poivrier. Des jeunes filles ou des jeunes gens mâchent avec soin les morceaux de racine et déposent sur un plat chaque pelotte bien mâchée et bien imprégnée de salive. Il suffit de délayer dans l'eau une ou deux de ces pelottes pour obtenir une dose enivrante de kava : les Polynésiens font leurs délices de cette préparation peu appétissante.

Il existe enfin une dernière classe d'assaisonnements simplement aromatiques et peu excitants. Les uns sont tirés des pays chauds : ce sont la cannelle, la vanille, le safran, l'eau de fleur d'oranger; d'autres sont fournis par les plantes indigènes, le persil, le cerfeuil, parmi les ombellifères; le thym, le romarin, le basilic, la sauge, la menthe, parmi les labiées; enfin la pimprenelle, parmi les rosacées. Les effets de toutes ces plantes sont très modérés, et n'ont aucun des inconvénients des principes âcres et violents de la catégorie précédente.

CHAPITRE VII

1° L'eau.

Un grand nombre d'aliments solides différents sont capables
de calmer la faim; mais il n'est qu'un seul liquide qui puisse
apaiser la soif : c'est l'eau. Elle est indispensable à la vie et
suffit en toutes circonstances. Les boissons diverses que
l'homme a inventées peuvent flatter son goût, exciter ses
organes; mais elles n'agissent utilement que par l'eau qu'elles
contiennent : celle-ci est donc la boisson par excellence.

Il ne faudrait pas croire cependant que toutes les eaux que
l'on rencontre à la surface du globe, soient propres à servir
de boisson. Une eau destinée à cet usage doit posséder un
certain nombre de qualités dont l'ensemble constitue l'*eau
potable :* on pourra alors non seulement la boire, mais encore
en faire usage pour la cuisson des aliments et pour d'autres
usages domestiques, tels que le savonnage du linge. Lorsqu'une eau *savonne bien*, on la regarde généralement comme
de bonne qualité : c'est un principe exact, mais qu'il ne faudrait pas pousser à l'extrême. Car, à ce compte, l'eau chimiquement pure, l'eau distillée des laboratoires, devrait être
considérée comme la meilleure eau potable. Il n'en est rien
cependant : l'eau distillée est fade, peu agréable à boire; son
usage prolongé aurait des inconvénients, car les boissons four-

nissent à l'organisme des éléments minéraux qui entrent dans la constitution des os du squelette. L'eau potable doit donc contenir une certaine dose d'impuretés, particulièrement des composés de chaux analogues à la pierre de taille ou à la craie (calcaire, carbonate de chaux).

On peut résumer comme il suit les qualités d'une bonne eau potable : elle doit être limpide, sans couleur, sans odeur, fraîche sans être glacée; il faut que sa saveur soit franche, qu'elle ne soit ni fade, ni piquante, ni salée, ni douceâtre; l'ébullition n'y produira qu'un trouble léger et non un dépôt blanc ou jaunâtre; les légumes secs y cuiront facilement, sans durcir; le savon s'y dissoudra sans former de grumeaux. Elle doit enfin être aérée, c'est-à-dire contenir de l'air en dissolution : la présence de ce gaz rend l'eau plus vive, plus légère et de plus facile digestion. Quelques mots d'explication sont nécessaires pour bien éclaircir ces différents points.

L'eau couvre les trois quarts de la surface du globe terrestre et forme les océans, les lacs, les rivières. Exposée à l'air, elle se réduit constamment en vapeurs, qui se disséminent dans l'atmosphère : celles-ci dans les régions élevées et froides de l'air repassent à l'état liquide, et donnent naissance aux gouttelettes d'eau extrêmement fines qui constituent les nuages ou les brouillards. Par un temps sec, les nuages se dissolvent peu à peu en repassant à l'état de vapeur, et disparaissent comme les flocons blancs qui s'échappent d'une cafetière ou d'une cheminée de locomotive. Mais si l'atmosphère est très humide, les *poussières d'eau* qui forment les nuages se soudent entre elles et produisent alors des gouttes plus grosses, qui finissent par tomber à terre : c'est la pluie. Arrivée sur le sol, une partie de la pluie coule à sa surface, une autre y pénètre et s'y infiltre jusqu'à ce qu'elle rencontre un terrain imperméable, l'argile par exemple, sur lequel elle s'accumule : il en résulte une nappe d'eau souterraine, où nous puisons au moyen des puits, et qui alimente les sources, les ruisseaux et

les rivières. Partie de l'Océan, l'eau finit par y revenir en vertu,
d'un mouvement continuel de circulation.

Les sels contenus dans l'eau de mer ne sauraient se réduire
en vapeur; l'eau s'évapore seule : aussi l'eau la plus pure est-
elle l'eau de pluie, et la plus impure celle de la mer. Là viennent s'accumuler toutes les substances solubles que les eaux
terrestres rencontrent dans leur parcours et qu'elles apportent
sans cesse à l'Océan.

Dans quelques pays privés de cours d'eau et de sources, on
emploie l'eau de pluie à l'alimentation. On la recueille, à cet
effet, dans de grands réservoirs souterrains ou *citernes* : elles
doivent être bien cimentées, non seulement pour empêcher la
perte de l'eau, mais aussi pour qu'il n'y ait pas infiltration de
liquides infects venant de l'extérieur. Les citernes sont closes
avec soin; il faut empêcher la lumière d'y pénétrer : on évite
ainsi la formation dans l'eau de végétaux microscopiques qui
donnent au liquide une teinte verte. Excellente pour le savonnage et la cuisson des légumes, l'eau de citerne ne doit être
employée à la boisson qu'à défaut d'une bonne eau courante.

Les eaux de source sont ordinairement fraîches et limpides;
aussi jouissent-elles d'une réputation générale, mais quelquefois peu méritée : il est bon de ne pas les juger uniquement
sur la mine. Dans les terrains formés de grès ou de sable, elles
sont, sans doute, de bonne qualité ; mais dans les pays de craie,
au milieu des roches calcaires, et surtout dans le voisinage des
bancs de pierre à plâtre, les eaux de sources, comme celles des
puits, renferment beaucoup de craie ou de plâtre dissous. Dans
le premier cas, elles se troublent abondamment en bouillant,
sont dures et donnent des grumeaux avec le savon ; mais
cette dureté disparaît en grande partie par l'ébullition. Au
contraire, les eaux qui renferment du plâtre et que l'on nomme
séléniteuses, conservent leurs mauvaises qualités après qu'on
les a fait bouillir : le savon s'y coagule fortement, les légumes
secs n'y peuvent cuire ; enfin leur emploi comme boisson

rend la digestion pénible. Une eau potable ne doit pas renfermer de plâtre, et seulement un peu de craie dissoute : la proportion n'en doit pas dépasser 20 à 25 centigrammes par litre. On y trouve toujours, en outre, une minime quantité de sel commun, environ 10 grammes pour 1000 litres d'eau. Rappelons-nous donc qu'il y a de bonnes sources, mais qu'il y en a beaucoup plus de médiocres et même de très mauvaises.

Les rivières ne proviennent qu'en partie des sources ; elles reçoivent beaucoup d'eau de pluie qui a simplement coulé à la surface du sol : aussi l'eau de rivière est-elle meilleure que la plupart des eaux de sources. Cependant, lors des orages et des crues accidentelles, les cours d'eau se chargent de limon et leurs eaux deviennent troubles ; il s'y introduit en outre des détritus divers, des matières organiques et des résidus de toutes sortes, surtout lorsque la rivière traverse une ville importante par sa population ou par son industrie.

Il est très facile de rendre limpides les eaux les plus troubles : l'argile, la terre qu'elles tiennent en suspension se séparent aisément, soit par le repos, soit par la filtration. Cette dernière est plus rapide ; aussi l'emploie-t-on dans les villes et dans les ménages. Les fontaines filtrantes contiennent une plaque en pierre poreuse que l'eau doit traverser pour arriver au robinet et qui arrête les matières terreuses. Dans les villes, on adapte souvent aux fontaines publiques un filtre composé d'un cylindre rempli d'éponges. Cet appareil fonctionne bien quand il est nouvellement installé ; mais si les eaux sont fortement troublées, il s'engorge assez vite.

L'eau filtrée est limpide, mais ce n'est pas assez. Elle peut être colorée et odorante, soit immédiatement, soit au bout de quelque temps : elle contient alors des matières organiques et peut devenir très malsaine. Quelle que soit son origine, on doit proscrire l'emploi d'une eau qui présente ces défauts ; malheureusement il arrive quelquefois, à la campagne surtout, que l'on n'en a pas d'autre à sa disposition.

On est souvent réduit à employer des eaux de mares bour-
beuses, ayant quelquefois même une mauvaise odeur ; un fil-
trage mécanique ne suffit plus alors : il est nécessaire d'employer un filtre au charbon de bois. Cette substance a la propriété d'absorber les gaz infects : les ménagères le savent bien
et font bouillir, avec un morceau de charbon qu'elles y plon-
gent tout allumé, le bouillon de la veille qui, par les chaleurs
de l'été, s'est légèrement altéré. Il est facile de confectionner
un filtre au charbon avec un tonneau défoncé par un bout. On
commence par carboniser l'intérieur du tonneau en y allumant
un feu de copeaux ; on fixe ensuite au tiers de la hauteur un
faux fond en bois percé de trous sur lequel on place : 1° un
morceau d'étoffe de laine épaisse ; 2° une couche de gravier de
5 à 6 centimètres d'épaisseur ; 3° une couche ayant 15 à 20
centimètres, et formée de charbon de bois réduit en fragments
de la grosseur d'un pois ; 4° une seconde couche de gravier ;
5° une seconde étamine. Le tout est maintenu en place au
moyen d'un disque en bois percé de trous et chargé d'une
pierre. Il suffit de tenir le tonneau toujours plein d'eau, fermé
à la partie supérieure, et de tirer le liquide par un robinet
placé au-dessous du filtre. Comme le charbon absorbe tous les
gaz et particulièrement l'air dissous dans l'eau, il est bon
d'agiter à l'air, avant de la boire, l'eau filtrée au charbon : autrement elle serait lourde et indigeste.

A bord des navires, on emploie souvent l'eau de mer, privée
par la distillation des sels minéraux qu'elle contient : cette
opération consiste à faire bouillir l'eau pour la réduire en
vapeurs et à conduire celles-ci à travers un tube refroidi où
elles redeviennent liquides. On utilise, pour vaporiser l'eau,
la chaleur perdue des cuisines et on condense la vapeur dans
un serpentin entouré d'eau de mer sans cesse renouvelée. Il est
placé au-dessous de la ligne de flottaison du vaisseau : une
double communication avec la mer permet à l'eau froide d'entrer en *a*, et à l'eau échauffée par la vapeur de sortir en *b*. La

distillation se fait ainsi d'elle-même : l'eau distillée sort du serpentin et se recueille dans un réservoir placé en *c*. Elle est très bonne pour toutes les opérations qui nécessitent l'emploi de l'eau douce ; mais quand elle doit servir à la boisson, il est nécessaire de l'aérer et d'y introduire un peu de craie.

Une des qualités que l'on recherche le plus dans les eaux potables est la fraîcheur : les effets produits par ce liquide varient, en effet, beaucoup avec la température. L'eau chaude, introduite dans l'estomac, le stimule d'une manière immédiate,

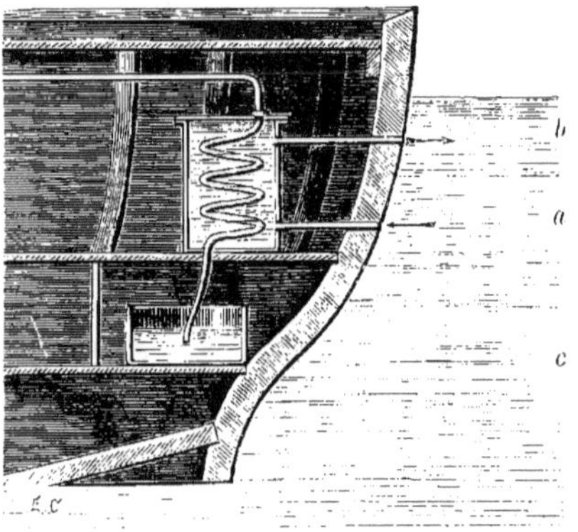

DISTILLATION DE L'EAU DE MER POUR AVOIR DE L'EAU DOUCE.

active ses fonctions et peut aider la digestion. Beaucoup de personnes corrigent la paresse de leur estomac par l'emploi de boissons chaudes. Les infusions de plantes diverses, auxquelles on attribue communément des vertus très variées, n'agissent le plus souvent que par l'eau chaude qu'elles contiennent. Les Romains employaient par sensualité les boissons chaudes dans le cours des repas. Dangereuses délices ! car l'abus des infusions chaudes affaiblit le ressort des tissus, brise les forces digestives et l'appétit, à moins qu'elles ne contiennent des stimulants énergiques, comme le thé ou le café.

L'eau tiède est fade, ne désaltère pas, rend la digestion languissante, donne lieu à des nausées : elle produit, en un mot, presque immédiatement les effets qui résultent de l'usage prolongé de l'eau chaude. Elle est certainement la cause des diarrhées et des accidents digestifs si fréquents en été, dans les pays chauds. Aux Indes, l'usage de l'eau prise à la température extérieure, sans avoir été rafraîchie, devient un véritable supplice.

L'eau fraîche procure une sensation agréable, calme bien la soif : agissant comme le bain froid, elle produit dans l'estomac une répulsion immédiate du sang, suivie d'une prompte réaction. Les personnes habituées à la tempérance se contentent de ce degré de stimulation. Il importe de bien distinguer ici entre la boisson fraîche et l'eau très froide ou glacée. Celle-ci agace les dents et détermine dans l'arrière-bouche, dans l'œsophage et jusque dans l'estomac une sensation de froid excessif qui se propage dans tout le corps : la circulation est ralentie ; la transpiration diminue ou même s'arrête complètement. Chez les personnes vigoureuses, il se produit une réaction violente que son intensité peut rendre dangereuse ; chez celles d'une constitution plus faible, la réaction devient insuffisante et le refroidissement produit par le liquide amène des accidents, soit du côté des voies respiratoires (fluxions de poitrine, pleurésies), soit vers le tube digestif. Ces effets d'une boisson très froide sont surtout à redouter quand on a chaud, quand l'estomac est vide et quand on reste immobile après avoir bu. La personne qui a commis l'imprudence de boire abondamment un liquide froid, pendant une marche ou un travail, ne doit donc pas s'arrêter ensuite ou se reposer, mais continuer l'exercice auquel elle se livrait ; c'est le meilleur moyen d'amener une réaction salutaire. Les sirops et les crèmes glacées que l'on prend, sous le nom de *glaces*, à la fin d'un repas, sont moins à craindre, parce que l'estomac est alors rempli et qu'en outre on les avale par petites portions à la fois : dans un bal, n'en consommez jamais au moment de partir et continuez à danser après en avoir pris.

L'usage des eaux minérales est aujourd'hui de mode : une personne bien née ne saurait vivre sans *aller aux eaux* chaque année pendant quelques semaines ; le point le plus important, il est vrai, n'est pas toujours d'y aller, mais d'être censé le faire. Aussi ne croyons-nous guère à la nécessité et surtout aux vertus de beaucoup d'eaux ; nous n'avons d'ailleurs à parler ici que des eaux de table. Les seules qui soient employées abondamment sont les eaux gazeuses. Elles doivent leurs propriétés au gaz acide carbonique qu'elles contiennent et qui se dégage lorsqu'elles sont versées à l'air : agréables par le pétillement qui en résulte, elles ont une saveur aigrelette et favorisent la digestion. Néanmoins leur usage continuel ne présente plus aucun avantage sérieux ; on doit donc se garder d'en prendre l'habitude.

Les eaux gazeuses naturelles (Seltz, Saint-Galmier, etc.) sont d'un prix assez élevé : aussi les remplace-t-on souvent par une dissolution d'acide carbonique fabriquée artificiellement. On augmente la quantité de gaz dissoute en comprimant celui-ci dans l'eau par le moyen d'une pompe : le liquide ainsi chargé d'acide carbonique est introduit dans des vases résistants ou *siphons*, qu'on livre aux consommateurs. Mise au contact de l'air, l'eau de Seltz artificielle pétille abondamment et laisse dégager la plus grande partie de l'acide carbonique qu'elle contenait. La première condition pour que l'emploi de cette eau présente quelque avantage, c'est qu'elle ait été fabriquée avec une excellente eau potable ; malheureusement cette condition n'est pas toujours remplie.

On prépare quelquefois dans les ménages de l'eau gazeuse au moyen de poudres, l'acide tartrique et le bicarbonate de soude, qui, mises au contact de l'eau, dégagent de l'acide carbonique. Les appareils employés doivent être disposés de façon que les poudres ne restent pas dans le liquide que l'on boit ;

ceux qui ne remplissent pas cette condition donnent une boisson purgative en même temps que gazeuse.

2° Les boissons alcooliques.

Dans tous les pays du monde, l'homme emploie comme
boisson des liquides primitivement sucrés, mais dont le sucre,
ayant subi une altération particulière, est transformé en un
produit nouveau, l'*alcool* ou *esprit-de-vin*. Cette transformation
du sucre constitue la *fermentation :* les liquides sucrés qui
l'ont subie deviennent des liqueurs fermentées; ils n'ont plus
la saveur douce qui les distinguait, mais bien un goût fort,
analogue à celui du vin.

Dans les pays chauds ou tempérés, la sève des plantes, les jus
de fruits sont sucrés et peuvent fournir des boissons fermentées. Le jus de la canne, la sève du palmier et du bananier servent, dans les régions tropicales, à fabriquer des
boissons analogues au vin ou au cidre que nous obtenons avec
le jus de raisin ou de pomme. Ailleurs on fait du vin avec
du miel dissous dans l'eau ; en Tartarie, on laisse fermenter
le lait de jument; de sucré, il devient alcoolique et constitue
le *koumys*. Sous les climats plus froids, le sucre est rare dans
les végétaux; l'homme a fabriqué la bière, en se servant des
graines des céréales. Leurs principes féculents sont d'abord
changés en sucre et celui-ci transformé ensuite en alcool par
la fermentation. En Europe, c'est l'orge que l'on emploie ordinairement à cet usage; mais le maïs, le riz, le seigle, y sont
appliqués dans d'autres pays.

En quoi consiste la fermentation du sucre et quelles sont les
conditions nécessaires à son développement? De l'eau sucrée
pure se conserve fort longtemps : il n'en est plus de même
quand elle contient des matières albuminoïdes dissoutes; on
voit, au bout de peu de temps, se développer dans l'intérieur
une multitude de petites bulles gazeuses qui montent et

viennent crever à la surface; c'est la fermentation qui commence. Le dégagement gazeux, formé d'acide carbonique, augmente peu à peu, devient stationnaire, diminue ensuite et cesse enfin complètement après quelques jours. Il est facile de constater tous ces effets de la façon suivante : on dissout 500 grammes de sucre dans 2 litres .d'eau ; on y ajoute un peu de levure de bière et l'on met le tout dans un bocal que l'on abandonne dans une chambre chaude. Pendant tout le temps que dure la fermentation, le liquide est trouble : si l'on en examine une goutte au microscope, on y voit des globules arrondis, animés d'une vie très active. Ce

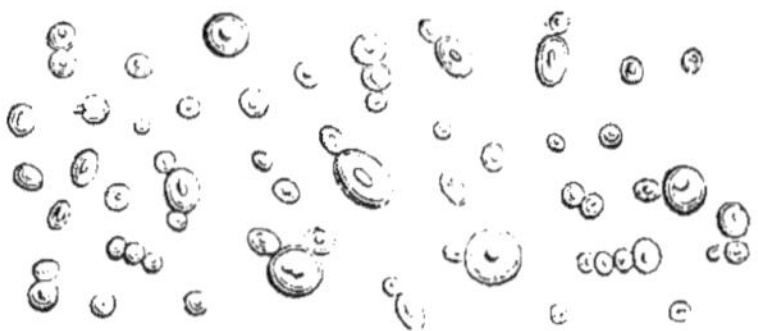

GLOBULES DE FERMENT ALCOOLIQUE.

sont de petits végétaux qui se développent et se multiplient à chaque globule s'entoure de globules plus petits qui semblent bourgeonner autour de lui ; ils grossissent peu à peu et, quand ils ont acquis la grosseur du globule mère (5 à 6 millièmes de millimètre), ils s'en détachent et constituent à leur tour de nouveaux centres de végétation. Comme tous les êtres vivants, ces globules consomment et produisent : ils se nourrissent de la matière albuminoïde et du sucre contenus dans le liquide et exhalent de l'alcool et de l'acide carbonique ; le premier reste dans le liquide, le second se dégage et produit l'espèce d'ébullition qui accompagne la fermentation. Les petits végétaux dont nous venons de raconter la vie s'appellent *ferments*.

Les liquides fermentés ne contiennent plus de sucre ; on peut voir qu'ils renferment de l'alcool. Ce liquide se réduit en vapeur plus facilement que l'eau ; il bout à 79 degrés, tandis que l'eau bout seulement à 100 degrés. Si donc on chauffe un liquide fermenté, du vin par exemple, les premières vapeurs qui se dégagent seront fort alcooliques : il est aisé de le reconnaître à leur odeur ou mieux encore à la propriété qu'elles ont de s'enflammer au contact d'une allumette. Une soucoupe froide, exposée à la vapeur au-dessus de la surface du vin chaud, se recouvre de gouttelettes liquides formées d'alcool. On opère d'une façon toute semblable pour l'extraire industriellement dans les distilleries. On fait bouillir dans une chaudière le liquide fermenté, et on conduit les vapeurs qui s'en dégagent dans un tuyau entouré d'eau froide ; elles s'y condensent et donnent un liquide très riche en alcool. Cette opération, appelée *distillation*, permet de le séparer de la masse d'eau à laquelle il était mélangé.

L'alcool pur est un liquide semblable à l'eau, mais plus volatil et plus léger : un litre pèse seulement 800 grammes, tandis qu'un litre d'eau pèse 1000 grammes. Il s'allume et brûle avec une belle flamme bleuâtre. C'est un poison violent, qui agit en coagulant le sang : aussi ne peut-il être introduit dans l'estomac que mélangé à beaucoup d'eau. On le consomme sous deux formes : à l'état de boisson fermentée, vin, cidre, bière, contenant au plus un dixième d'alcool, et à l'état de liquides distillés, tels que l'eau-de-vie et les autres liqueurs fortes, qui en renferment environ la moitié de leur volume. Quant aux produits alcooliques désignés sous les noms d'*esprit* et de *trois-six*, leur richesse en alcool varie de 84 à 95 pour 100 : aussi ne peuvent-ils entrer dans la consommation qu'après avoir été dédoublés avec l'eau.

Les effets des boissons contenant de l'alcool varient beaucoup avec la façon dont elles sont consommées. A dose modérée et mélangé à beaucoup d'eau, l'alcool peut jouer le rôle d'aliment combustible et en même temps celui d'excitant du système digestif : telle est l'action du vin et de la bière pris pendant les repas, ou bien celle d'une très petite quantité de liqueur forte à la fin d'un dîner. Dans ces conditions, l'alcool ne trouble pas le jeu des organes ; mais il est certain que l'on peut jouir d'une santé aussi bonne, sinon meilleure, en s'abstenant complètement de l'usage des boissons fermentées. En Angleterre, les compagnies d'assurances sur la vie regardent les personnes qui sont dans ce dernier cas comme devant avoir une vie plus longue.

Il est en outre peu d'habitudes qui dégénèrent aussi facilement en excès que celle des boissons alcooliques. Leur action devient alors terrible ; à dose élevée, en dehors des repas, surtout à l'état de liqueur forte, l'alcool produit une ivresse accompagnée de troubles nerveux, de relâchement des muscles et de perte momentanée de la raison. Répétés fréquemment, ces accidents amènent un tremblement général, la folie, et enfin une mort affreuse.

Les liqueurs fortes ne possèdent aucune des qualités qu'on leur attribue généralement. Le travail physique n'est pas facilité par leur usage : l'ouvrier dont le travail exige beaucoup de force doit imiter les boxeurs anglais et s'en abstenir d'une façon absolue. L'alcool ne peut servir devantage à combattre le froid ou le chaud : dans les régions polaires ou par les grands froids, son usage peut devenir mortel ; dans les marches d'hiver, les soldats russes en sont privés et les guides des Alpes n'en prennent jamais pendant leurs courses d'hiver. Aux Indes, les chirurgiens anglais l'interdisent également aux troupes pendant les chaleurs.

En résumé, c'est l'abus et non la privation de boissons fermentées qui est à craindre. L'alcool est la source d'une foule de maladies ; il affaiblit l'esprit et le corps chez ceux qui en font abus. On n'a jamais vu, au contraire, une tempérance absolue avoir de graves inconvénients.

A. — LES BOISSONS FERMENTÉES. — LE VIN

La plus salutaire de toutes les boissons fermentées est le
vin : il possède au plus haut degré les qualités générales des
liquides alcooliques, et n'offre d'inconvénient que si l'on en
fait abus. Cette appréciation s'applique, bien entendu, au vin
réel, au jus de raisin fermenté et non aux liquides rouges
et blancs qui sont vendus la moitié du temps sous le nom de
vins. La situation pénible de la culture vinicole et les habitudes
de la consommation ont favorisé pendant ces dernières années
le développement des fabrications artificielles : raisins secs,
figues, sucre de fécule, fruits colorés (hièble, phytolacca), tout
sert aujourd'hui à produire du vin ; et nous ne citons que les
falsifications les moins dangereuses.

La composition du vin est variable avec une foule de
circonstances; aussi ne pouvons-nous donner ici qu'une
moyenne s'appliquant aux vins ordinaires. L'eau y entre dans
la proportion de 850 à 920 grammes par litre ; le reste est
formé de matières volatiles, comme l'alcool ou le principe qui
constitue le bouquet, et de substances solides dissoutes, qui
fournissent par l'évaporation du vin un résidu solide ou *extrait*.

La proportion la plus ordinaire d'alcool dans les vins est
d'environ 10 pour 100; ceux qui en contiennent plus de
14 pour 100 ont été alcoolisés après la fermentation : tels sont
ordinairement le madère, le marsala, beaucoup de vins espagnols et américains. Les vins renfermant moins de 6 pour 100
d'alcool ont été additionnés d'eau, ou bien obtenus avec des
raisins d'une maturité imparfaite et peu sucrés par conséquent. Toutefois beaucoup de bons vins, bien naturels, ne
contiennent pas plus de 7 à 8 pour 100 d'alcool. Cette proportion, dans tous les cas, augmente légèrement pendant les
premiers temps de la fabrication, puis elle diminue quand on
conserve le vin en tonneaux pendant plusieurs années.

Le bouquet des vins est dû à une très petite quantité (1,2 millième à 1 millième) de divers principes volatils. Ils proviennent, en grande partie, d'une action lente de l'alcool du vin sur les acides du jus de raisin : aussi le bouquet se développe-t-il à la longue et devient plus délicat dans le vin vieux.

L'extrait solide obtenu par l'évaporation du vin contient du sucre de raisin qui a échappé à la fermentation, une espèce particulière de gomme, une matière colorante, du tannin, enfin des sels minéraux, dont le principal est le *bitartrate de potasse*. Celui-ci se dépose en grande partie dans les tonneaux où s'opère la fermentation, ou bien dans ceux où l'on conserve le vin : il forme ce qu'on appelle le tartre. La proportion totale d'extrait solide contenue dans le vin est de 20 à 30 grammes par litre.

FABRICATION DU VIN

La vigne dont les fruits servent à faire le vin, ne peut végéter sous tous les climats. En France, il faut une température moyenne de 11 degrés pour l'année entière; ce qui représente 15 degrés environ de moyenne pour la période de végétation et 19 à 20 degrés pour la moyenne de l'été. Toutes ces conditions sont nécessaires : sur les hauts plateaux de l'Amérique équatoriale, la température est la même pendant toute l'année et atteint 17 à 18 degrés; la vigne végète, fleurit; mais les raisins ne mûrissent jamais assez, parce que la température n'arrive pas à 20 degrés. Dans nos pays, la végétation de la vigne commence vers la fin de mars, et les vendanges se font en septembre ou en octobre. On ne doit récolter que quand la maturité est complète, ou bien quand on n'a plus de chances de la voir s'améliorer. Bien mûrs, les raisins contiennent beaucoup de sucre et donnent un vin généreux; il est au contraire fortement acide, si le raisin n'a qu'une maturité incomplète.

On emploie à la fabrication du vin les raisins noirs et les

raisins blancs. Les premiers contiennent dans la pellicule de leurs grains une matière colorante qui se dissout dans le vin pendant la fermentation et lui donne la couleur rouge. Elle n'est pas soluble dans l'eau : aussi le jus de raisins noirs est incolore, tant que le grain reste intact, et ne devient rouge qu'après la fermentation. Pour faire le vin rouge, il faut donc employer les raisins noirs ; mais on y ajoute souvent une certaine quantité de raisins blancs. Quant au vin blanc, il peut se faire indifféremment avec les uns ou avec les autres, pourvu qu'on ait soin de les presser aussitôt après la récolte : le jus obtenu est séparé des pellicules qui contiennent seules le principe colorant.

Pour faire le vin, on commence par écraser les raisins, afin de déchirer les grains et de mettre le jus au contact de l'air. Cette opération est nécessaire pour que la fermentation se produise : le jus de raisin contient, en effet, du sucre et des matières albuminoïdes, mais il faut y semer les germes du ferment ; ils sont contenus dans les poussières atmosphériques et se déposent dans le moût par l'exposition à l'air. La présence de l'air est donc nécessaire pour que la fermentation commence, mais celle-ci peut se continuer ensuite d'elle-même. L'écrasement du raisin est produit ordinairement par le foulage avec les pieds, quelquefois par des appareils analogues aux moulins à cidre. On foule le raisin tantôt à la vigne même, tantôt dans des bacs placés dans les celliers, tantôt enfin dans les cuves à fermentation. Dans quelques pays, on sépare les grappes pour ne conserver que les grains; mais le plus souvent on charge simplement les raisins écrasés dans de grandes cuves, et on abandonne la vendange à elle-même.

La fermentation commence bientôt, surtout s'il fait encore chaud : la masse se soulève, s'échauffe légèrement et laisse dégager abondamment de l'acide carbonique. Ce mouvement d'ébullition va en augmentant pendant une journée à peu près, reste tumultueux pendant deux ou trois jours, puis se calme peu à peu. On doit pendant ce temps replonger fréquemment dans le liquide les pellicules et les grappes qui remontent à la surface ; car ce *chapeau* de la vendange risque beaucoup de s'aigrir.

Quand la fermentation est calmée, on procède au *décuvage*. Tantôt on enfonce un panier dans le chapeau et on puise le vin qui s'infiltre ; tantôt on soutire par un robinet placé près du fond ; le vin coule et se filtre dans un panier en osier. Le liquide soutiré est mis dans des futailles qu'on ne remplit pas complètement et qu'on laisse débouchées pendant quelques jours, parce que la fermentation s'y continue avec une certaine activité. Les grappes, les pellicules, les pépins restent dans la cuve : on les enlève et on les porte au pressoir pour en extraire le vin dont ils sont imbibés. Le vin de presse est un peu plus âpre au goût que celui provenant du soutirage ; le plus souvent on réunit les deux produits.

Le vin mis en tonneaux doit être soutiré plusieurs fois pendant les premières années de fabrication : il s'y produit un dépôt ou lie, formé de débris divers, de ferment et surtout de tartre, parce que ce sel est peu soluble dans les liquides alcooliques. Les soutirages ont pour but de séparer toutes ces matières. Au bout de trois ans, le vin peut être regardé comme fait : on le met en bouteilles, après l'avoir collé avec des blancs d'œuf, et il acquiert ses dernières qualités.

Pour obtenir les vins blancs, on porte les raisins au pressoir aussitôt après la récolte. Le jus séparé ainsi des pellicules et des grappes est incolore : on le met dans des tonneaux réservés à cet usage et on le laisse fermenter. Les vins blancs se conservent moins bien que les vins rouges et sont moins bons pour la santé. Tout le monde connaît la saveur âpre d'un pépin de raisin : elle est due à une matière astringente, appelée *tannin*, qui se dissout en partie dans le vin rouge et contribue à sa conservation. Le vin blanc n'en contient pas, puisqu'on a séparé le jus des grappes et des pépins avant la fermentation : cette

absence de tannin rend le vin blanc sujet à une maladie particulière, la *graisse*; le vin malade devient visqueux et filant comme

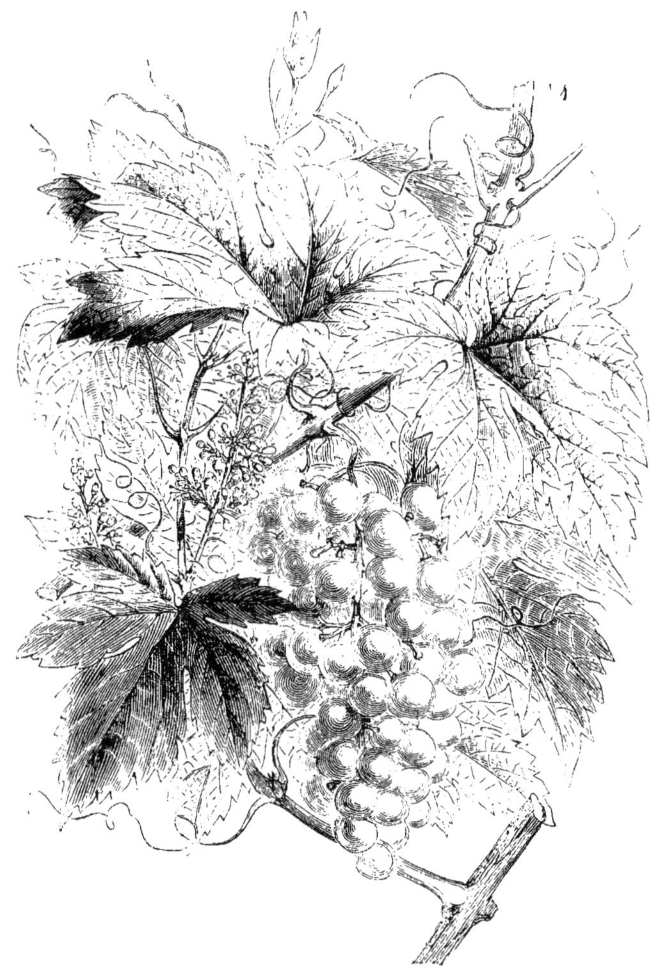

l'huile. On clarifie le vin blanc en le collant, non pas avec des
blancs d'œuf, mais avec la colle de poisson ou la gélatine blanche.

Les vins de liqueur ou vins sucrés se préparent en Espagne, en Italie et dans le midi de la France, en faisant fermenter des raisinst rès riches en sucre : une portion de celui-ci échappe à la fermentation et donne au vin une saveur sucrée. On arrive au même résultat en alcoolisant le vin après un commencement de fermentation : cette addition d'alcool tue ic ferment et une partie du sucre reste inaltérée. Beaucoup de vins de liqueur sont en outre des vins cuits : on prend du moût de raisin de bonne qualité que l'on partage en deux parties. Une moitié ou un tiers est évaporé rapidement et converti en un sirop épais que l'on ajoute à la seconde partie restée pure. On arrive de cette façon, avec des raisins ordinaires, au même résultat que si l'on avait employé des raisins très sucrés.

Les vins mousseux sont désignés ordinairement sous le nom de vins de Champagne, parce que cette province en fournit au monde entier. Beaucoup d'autres vignobles de France en fabriquent cependant de très bons : nous citerons ceux de Tonnerre, d'Arbois, de Limoux, de Saint-Peray. On peut *champaniser* tous les vins blancs légers de bonne qualité : quand ils sont bien faits et complètement clairs, on y ajoute un peu de bonne eau-de-vie et une certaine quantité de sirop de sucre candi blond; 3 kilogrammes de sucre suffisent pour un hectolitre de vin. On met alors le vin en bouteilles, on attache les bouchons et on couche les bouteilles dans de grandes caves. Une fermentation nouvelle se produit aux dépens du sucre que l'on a ajouté; le gaz acide carbonique produit ne peut se dégager; il reste emprisonné dans le liquide et exerce sur les bouteilles une forte pression. Le vin est devenu mousseux; mais il se produit en même temps un léger dépôt dû aux débris de ferment; il faut *dégorger* le vin. Pour cette opération délicate, les bouteilles sont placées, pendant quelque temps, le bouchon en bas, sur des planches percées de trous. Quand le dépôt est bien rassemblé sur le bouchon, on déficelle celui-ci, et on le laisse sortir peu à peu en le main-

tenant avec la main. Un jet de vin se produit et entraîne le dépôt :
on retourne vivement la bouteille et on la rebouche avec un bon
bouchon neuf; on attache celui-ci avec un fil de fer et des

FABRICATION DU VIN.

ficelles, et on le recouvre soit de goudron, soit d'une feuille
d'étain. Le vin peut être consommé au bout de quelques mois.

LE CIDRE

La fabrication du cidre était connue de nos ancêtres les Gaulois ; mais c'est seulement à partir du treizième ou du quatorzième siècle que l'usage de cette boisson est devenu général en Normandie, où la bière était jusqu'alors la boisson populaire. On consomme aujourd'hui du cidre dans d'autres parties de la France, en Picardie, en Bretagne ; celui de Normandie est toujours le plus renommé.

Le cidre est le jus fermenté des pommes et des poires. Les pommes amères sont préférables aux pommes douces ou aux pommes acides : le cidre qu'elles fournissent est plus alcoolique et surtout se conserve mieux. Quant aux poires, elles fournissent un jus plus abondant et plus sucré que les pommes : employées seules, elles donnent le *poiré ;* ordinairement on en ajoute aux pommes une certaine quantité, lors de la fabrication du cidre. Les fruits doivent être à l'état de parfaite maturité ; ceux qui sont verts ou blets renferment moins de sucre ; ceux qui sont pourris donnent au jus un mauvais goût et doivent être rejetés, malgré le préjugé contraire fortement enraciné dans certaines localités normandes.

Les pommes sont amoncelées en tas et gardées ainsi pendant un mois ou deux : c'est là un tort, car un grand nombre s'altèrent, surtout au centre des tas. On les broie ensuite pour les réduire en pulpe. Cette opération se faisait autrefois dans une auge circulaire où roulait une meule en pierre mue par un cheval. Aujourd'hui on se sert presque partout d'un moulin ou *grugeoir :* les pommes y sont écrasées entre deux noix en fonte que l'on fait tourner au moyen d'une manivelle. La pulpe, abondonnée à l'air pendant dix à douze heures, doit, avant d'être portée au pressoir, prendre une belle couleur jaune qui se communiquera ensuite au cidre. Une première pression donne une faible quantité d'un jus très sucré et un

marc que l'on broie avec les deux tiers de son poids d'eau ;
on presse une seconde fois, souvent même une troisième après
une nouvelle addition d'eau. En réunissant le produit des
différentes pressées, on obtient un cidre moyen qui, après

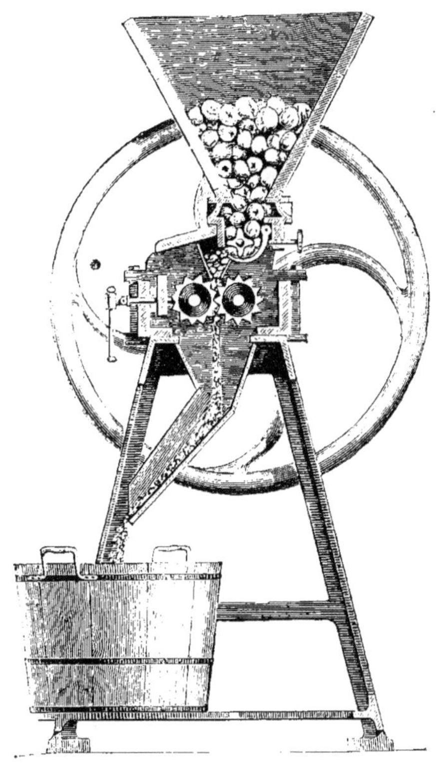

GRUGEOIR A POMMES (FABRICATION DU CIDRE).

six semaines ou deux mois de fermentation, contient de 5 à
6 pour 100 d'alcool. Il faut environ 3 hectolitres de pommes
pour faire un hectolitre de cidre. Lorsqu'on veut boire le cidre
doux, on doit, avant que la fermentation soit achevée, le
transvaser dans des futailles, où l'on a brûlé une mèche

soufrée. Le gaz sulfureux produit dans cette combustion empêche la fermentation, et le liquide conserve alors pendant longtemps les dernières portions de son sucre.

En Normandie, on a la mauvaise habitude de conserver le cidre dans de grands tonneaux et d'y puiser au fur et à mesure de la consommation. Cette pratique est vicieuse pour toutes les boissons alcooliques en général : les premières portions que l'on tire sont bonnes; mais peu à peu l'air transforme l'alcool en vinaigre, et, quand on arrive au fond du tonneau, on n'a plus qu'une boisson fortement acide. A Jersey, les procédés de fabrication et de conservation sont bien plus soignés, et le cidre qu'on boit est de qualité supérieure.

VIN DE CANNE. — PULQUE

Les jus de tous les végétaux peuvent, lorsqu'ils sont sucrés, donner par la fermentation des boissons alcooliques. Le *vin de canne* ou *guarapo* est d'un usage habituel dans toutes les contrées où l'on cultive la canne ; on le consomme à deux états : le guarapo doux est encore sucré, pétillant et saturé de gaz acide carbonique; le guarapo fort est très alcoolique, parce que la fermentation a été complète : c'est le plus apprécié.

Le *pulque*, en usage au Mexique et dans quelques parties du Pérou, est préparé avec la sève sucrée de l'agavé d'Amérique ou *maguey*. Chaque plant peut fournir en une année de 120 à 150 litres de sève : la fermentation la transforme en un vin assez agréable, quand il est encore un peu sucré. Les Mexicains le préfèrent quand il a acquis toute la force possible : c'est alors une boisson des plus enivrantes.

LA BIÈRE

La bière paraît avoir été connue de toute antiquité ; les Égyptiens, les Grecs, les Romains, les Germains et les Gaulois en ont fait usage. Jusqu'au seizième siècle, elle a conservé chez nous le nom de *cervoise* (vin de Cérès, déesse des moissons). Aujourd'hui, la bière est la boisson habituelle dans toute l'Europe septentrionale, y compris nos départements du Nord, et dans les États-Unis d'Amérique.

Les matières premières employées à la fabrication sont l'orge et le houblon : la première fournit l'alcool, le second le principe aromatique. L'orge contient fort peu de sucre, mais beaucoup d'amidon : aussi doit-on d'abord transformer celui-ci en sucre par la germination. A cet effet on met l'orge dans de grandes cuves et on y fait arriver de l'eau en quantité suffisante pour recouvrir complètement les grains. Ceux qui sont avariés viennent nager à la surface, on les retire ; quant aux autres, ils s'humectent et se gonflent. On les porte alors aux germoirs : ce sont de vastes caves dallées, dont la température doit être d'environ 15 degrés. L'orge humide, étalée en couches de 25 à 30 centimètres d'épaisseur, germe bientôt et atteint en 8 ou 10 jours le degré convenable de développement. On arrête alors la germination en exposant les grains dans des greniers à un air vif et froid ; puis on les sèche dans une étuve ou *touraille* traversée par un courant d'air chaud. La température de celui-ci influe sur la couleur du grain desséché : plus elle est élevée, plus le grain devient brun et plus il fournit ensuite une bière colorée. On vanne l'orge germée et desséchée, pour séparer les radicelles et on la broie grossièrement sous des meules : elle prend alors le nom de *malt*. 100 kilogrammes d'orge fournissent environ 75 kilogrammes de malt.

Le brassage a pour but de préparer avec le malt et l'eau un *moût* ou liquide sucré : il se fait par infusion ou par décoction.

La *cuve matière* employée pour l'infusion du malt est une grande cuve munie d'un faux fond percé de trous ; deux tuyaux débouchent entre les deux fonds : l'un amène l'eau chaude, l'autre sert à retirer le moût ; un système d'agitateur à palettes permet de remuer mécaniquement le liquide. Le malt est placé sur le faux fond et l'eau amenée par-dessous ; elle est d'abord tiède, mais on l'échauffe peu à peu au moyen de vapeur; quand elle est arrivée à 65 degrés environ, on brasse vivement, puis on laisse reposer en maintenant la température. On obtient ainsi une première infusion sucrée que l'on fait sortir par le tuyau de décharge. On épuise ensuite le malt par deux autres infusions que l'on réunit au premier brassin, si l'on veut obtenir une bière moyenne : pour la bière forte, on sépare le troisième brassin.

Ce procédé donne un moût très altérable : il a de plus l'inconvénient de laisser dans le malt épuisé ou *drèche* une certaine quantité d'amidon non saccarifié; aussi dans les grandes brasseries procède-t-on le plus souvent par décoction. Le malt placé dans la cuve matière reçoit d'abord de l'eau froide, puis on élève peu à peu la température jusqu'à 40 degrés, on brasse et on laisse reposer. On retire alors le tiers de la masse pour le mettre dans une chaudière à cuire et on le fait bouillir pendant trois quarts d'heure environ; après quoi on le reverse dans la cuve matière. Cette opération répétée trois fois, avant de faire écouler le moût, donne une saccarification complète. La chaudière à cuire employée est munie d'un agitateur mécanique ou *machine à vaguer*, afin d'empêcher le malt d'adhérer au fond du vase, où il s'altérerait par la chaleur [1].

Le moût de bière ainsi obtenu est porté à l'ébullition et additionné de fleurs de houblon ; celles-ci contiennent un principe résineux, amer, fortement aromatique, qui contribue pour beaucoup aux qualités et à la conservation de la bière. La cuisson du moût dure de cinq à dix heures; la quantité de houblon employée varie de 600 à 1350 grammes par hectolitre de bière, suivant la qualité de celle-ci ; pendant l'opération le moût se réduit d'un sixième environ. Aussitôt qu'il est cuit, on doit le refroidir le plus rapidement possible et le

---

1. Dans la gravure représentant une brasserie, les cuves matières sont placées en avant et les chaudières à cuire dans le fond.

BRASSERIE.

mettre en fermentation en y ajoutant une certaine dose de
levûre. Quand la bière doit être consommée rapidement, la
fermentation n'exige pas de précautions spéciales ; mais pour
les bières de conserve il faut terminer la fermentation à une
très basse température. Le liquide est mis dans de grands

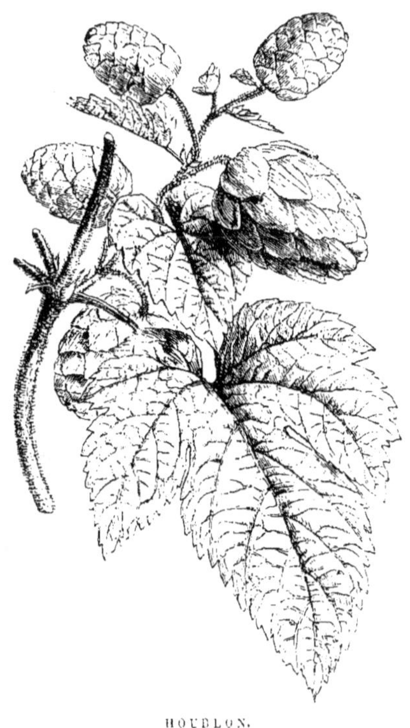

HOUBLON.

foudres et ceux-ci sont placés dans des caves entourées de
glacières : la bière doit y rester cinq ou six mois, quelquefois
une année entière. Pour le transport, on la met dans de petits
tonneaux ou *quarts*, revêtus à l'intérieur d'une couche de
résine : on évite ainsi les altérations produites par des ferments qui resteraient adhérents au bois des tonneaux.

La bière est, à juste titre, fort appréciée comme boisson ; car

elle renferme des principes qui la rendent agréable et nourrissante à la fois. La proportion d'alcool varie de 2 à 6 pour 100
dans les bières ordinaires et de 5 à 8 pour 100 dans les bières
très alcooliques, comme l'ale; celle des substances solides
dissoutes est en moyenne de 5 pour 100 : aussi la bière bue
abondamment contribue-t-elle au développement de la graisse.
L'acide carbonique lui donne un certain piquant et lui communique la propriété de mousser dans le verre. Quant à sa
couleur, elle dépend surtout du degré de torréfaction du malt
employé à sa fabrication.

<h3 style="text-align:center">B. — LES LIQUEURS FORTES</h3>

Tous les liquides fermentés peuvent fournir de l'alcool par
la distillation. Le vin a d'abord été employé ; mais comme la
consommation des liqueurs fortes est générale et va toujours en
croissant, on en a fabriqué avec la betterave, avec diverses
matières sucrées et avec des fécules. Les mélasses de canne
et de betterave délayées dans l'eau donnent un liquide sucré,
que l'on fait fermenter et que l'on distille ensuite. Quant aux
fécules, on commence par les transformer en sucre, soit au
moyen du malt, soit par les acides : la glucose obtenus est
mise en fermentation et l'alcool séparé ensuite par distillation.

La fermentation donne difficilement un liquide contenant
plus de 14 à 15 pour 100 d'alcool : celui-ci, dès qu'il est concentré, s'oppose à la végétation de l'organisme que nous avons
appelé ferment, et le sucre en excès reste inaltéré. Il est nécessaire, pour obtenir des liquides fortement alcooliques, d'avoir
recours à la distillation: c'est pourquoi l'on appelle *distilleries*
tous les ateliers où l'on fabrique les liqueurs fortes. L'appareil
fondamental d'une distillerie est l'*alambic*. Le plus simple se
compose d'une chaudière *a* fermée par un chapiteau *b*. On
met dans la chaudière le liquide à distiller et on le fait bouillir.
Les vapeurs qui s'en dégagent sont conduites par le tuyau *c*

dans un tube contourné *dd*, ou *serpentin*, entouré d'eau froide sans cesse renouvelée : elles s'y condensent en un liquide que l'on recueille en *g*. Supposons que l'on distille du vin ; l'alcool, étant plus volatil que l'eau, se vaporisera plus aisément, de sorte que les premières portions recueillies à la distillation seront plus alcooliques que le vin distillé. Avec du vin contenant 10 pour 100 d'alcool, on obtiendra facilement un liquide en renfermant 30 à 40 pour 100 ; en soumettant celui-ci à une nouvelle

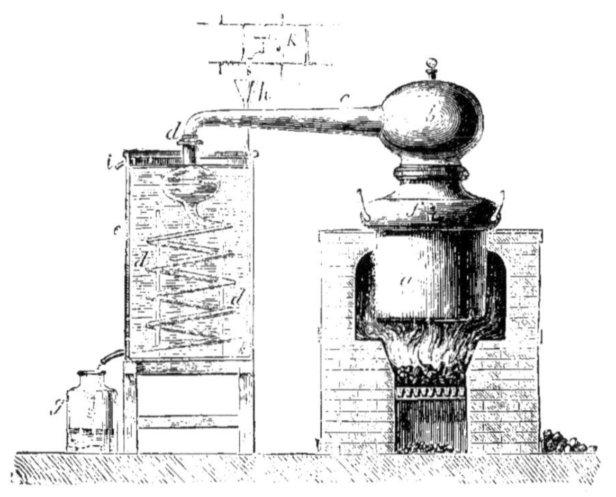

ALAMBIC POUR DISTILLER L'EAU, LE VIN, ETC.

distillation, ou *rectification*, on aura de l'esprit à 80 ou 85 pour 100 d'alcool. Tel est le principe des opérations exécutées dans les distilleries : on est arrivé du reste, en perfectionnant les appareils distillatoires, à obtenir, avec des liquides fermentés quelconques, des esprits qui contiennent jusqu'à 90 et 95 pour 100 d'alcool. Dans la consommation, les liqueurs fortes ordinairement employées en renferment de 40 à 60 pour 100 ; elles portent différents noms, suivant leurs provenances.

L'eau-de-vie s'obtient par la distillation du vin ; la plus estimée, en France, est faite dans les Charentes et porte le nom d'*eau-de-vie de Cognac*. Dans tous les pays vignobles, on utilise les marcs de raisin qui restent après la fabrication du vin : au sortir du pressoir, ils sont encore imprégnés de vin et donnent à la distillation de l'*eau-de-vie de marc*, moins estimée que la précédente. Mais ces produits ne représentent qu'une bien faible portion de ce qui se consomme sous le nom d'eau-de-vie. La plus grande partie est faite avec des alcools de toutes natures, que l'on étend d'eau de manière à les ramener au

BRANCHE DE CERISIER.

degré convenable ; on y ajoute ordinairement de l'infusion de thé et un peu de caramel pour les colorer. Quand ces mélanges sont faits avec des alcools bien fabriqués et de bon goût, ils imitent à peu près l'eau-de-vie de vin ; mais on y fait entrer le plus souvent des alcools impurs de riz, de betterave, de pomme de terre, qui les rendent encore plus dangereux pour la santé.

Le *rhum* et le *tafia* s'extraient de la canne à sucre, et se fabriquent l'un avec le jus de la plante, l'autre avec les mélasses et les écumes des sucreries.

En Allemagne, en Suisse, dans les Vosges, on fait fermenter les cerises et les merises avec leurs noyaux, et on obtient par la distillation une eau-de-vie ayant un parfum d'amandes amères : c'est le *kirschenwasser* (eau de cerises) ou, par abrévation, le kirsch.

Dans les pays froids, les fruits sucrés sont rares, et l'on fait de l'eau-de-vie avec les céréales, les pommes de terre, avec toutes les matières féculentes en un mot. Le *genièvre*, le *gin*, le *squidam* de Hollande sont des eaux-de-vie de bière ou de grains aromatisés avec les fruits du genévrier. Le *whisky* se fabrique dans les Iles Britanniques avec l'orge, le seigle et la pomme de terre.

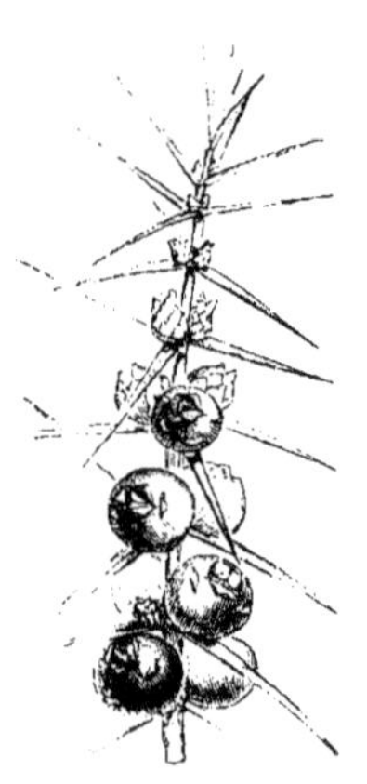
BAIES DE GENIÈVRE.

La passion des liqueurs fortes est telle, que l'homme utilise pour les obtenir tout ce qui contient du sucre, les prunes, les mûres, le sorgho, les racines de gentiane ou de garance, et tout ce qui renferme de la fécule, le topinambour, le maïs, la châtaigne, le marron d'Inde. On a même cherché à faire de l'alcool avec le bois saccharifié par les acides. Aussi l'alcool est-il devenu pour l'espèce humaine un fléau plus terrible que la guerre ou les épidémies de choléra et de fièvre jaune : et la consommation va toujours en augmentant ! A Paris, en 1880, celle des eaux-de-vie et liqueurs a été de 260 000 hectolitres, soit environ 13 litres par habitant. Elle est plus considérable encore en Belgique, en Angleterre, aux États-Unis, surtout en Russie et en Suède. Dans ce dernier pays, elle atteint 200 millions de litres, soit 50 litres par habitant, ou plutôt 100 litres, si l'on réduit les consommateurs réels à la moitié de la population. Cette circonstance suffit pour expliquer la décadence de ce peuple naguère si vaillant et chez qui l'on compte aujourd'hui un suicide sur 50 morts.

Toute les eaux-de-vie communes, particulièrement celles de pomme de terre et de grain, contiennent, outre l'alcool de vin, une petite quantité d'essences à odeur très forte (alcool amylique, esprit de pommes de terre) qui leur donnent une saveur désagréable et agissent énergiquement sur le système nerveux. Les buveurs d'eau-de-vie finissent par préférer ces produits infects à ceux de bonne qualité. Aussi, pour leur plaire, a-t-on imaginé de combiner l'alcool aux essences végétales les plus odorantes; on y ajoute du girofle, du poivre ou bien encore on le distille avec différentes fleurs et surtout avec celles de l'absinthe.

On fabrique, sous le nom de *liqueurs de table*, des mélanges d'alcool et de sirop de sucre, aromatisés avec des matières végétales diverses. Elles contiennent, par litre, environ 500 grammes de sucre, 30 à 40 centilitres d'alcool et des traces de parfums et de matière colorante. Tantôt on y fait dominer un seul aromate; tels sont le curaçao, l'anisette, qui doivent leur saveur à l'écorce de bigarade ou à l'anis ; tantôt on mêle, suivant la fantaisie, un grand nombre de principes odorants que l'on peut varier à l'infini : la liqueur de la chartreuse peut être regardée comme le type de ces compositions mystérieuses. Moins alcooliques que l'eau-de-vie, les liqueurs de table sont par cela même moins dangereuses; mais les essences qu'elles contiennent leur communiquent des propriétés stimulantes qui sont loin d'être toujours favorables.

3° Les boissons excitantes.

LE CAFÉ

La famille végétale des rubiacées fournit à l'industrie la garance, à la médecine le quinquina, et le caféier aux gourmets. Les graines de cet élégant arbrisseau, originaire de l'Arabie, étaient connues et appréciées dans les pays d'Orient dès le neuvième siècle. Peu à peu leur usage se répandit; mais il ne pénétra guère en Europe que vers 1650. Le premier débit public, ouvert à Paris, fut le café Procope, établi en 1672 dans la rue appelée aujourd'hui rue de l'Ancienne-Comédie.

La même époque vit s'étendre la culture du caféier. Les Hollandais l'introduisirent dans leurs colonies de Batavia et de Surinam. Vers 1700, Louis XIV en reçut d'Amsterdam un pied qui, placé dans les serres du Jardin des Plantes, porta des fleurs et se multiplia : il fournit les trois plants expédiés, en 1720, à la Martinique. Deux périrent en route : le capitaine Declieux sauva le troisième en partageant avec lui sa ration d'eau, et cette plante unique devint la souche de toutes les cultures des Antilles. Aujourd'hui la consommation du café est énorme : elle dépasse en France le chiffre de 40 millions de kilogrammes par an. Les qualités sont diverses avec les provenances et désignées par les noms des pays d'origine : Moka, Martinique, Bourbon, Java.

Le fruit du caféier est une baie rouge, grosse comme une petite cerise. Deux graines en occupent le milieu : elles sont appliquées l'une contre l'autre par une partie plate, sur laquelle est un sillon longitudinal. L'une des deux avorte quelquefois et le grain de café unique est alors globuleux. A Moka, on laisse les fruits mûrir complètement, tomber et se dessécher d'eux-mêmes : les grains s'expédient incomplètement séparés de leur enveloppe. Ailleurs on cueille les fruits à mesure qu'ils mûrissent et on isole les graines, en séparant mécaniquement la pulpe qui les entoure : ainsi préparées, elles ont moins de parfum.

Le café vert en grains a une consistance cornée, une saveur et une odeur d'herbe : le contact prolongé de l'eau lui enlève toutes ses qualités. Il devient par le grillage plus facile à broyer : en même temps, les principes solubles dans l'eau qu'il contient éprouvent un commencement de décomposition,

prennent une saveur légèrement amère et un arome délicieux.
La torréfaction doit être ménagée, afin de ne pas pousser la
décomposition trop loin : on doit s'arrêter à la couleur blonde
pour le Moka, et pousser un peu plus loin pour le Martinique,
et surtout pour le Bourbon. Dès qu'on est arrivé au point con-

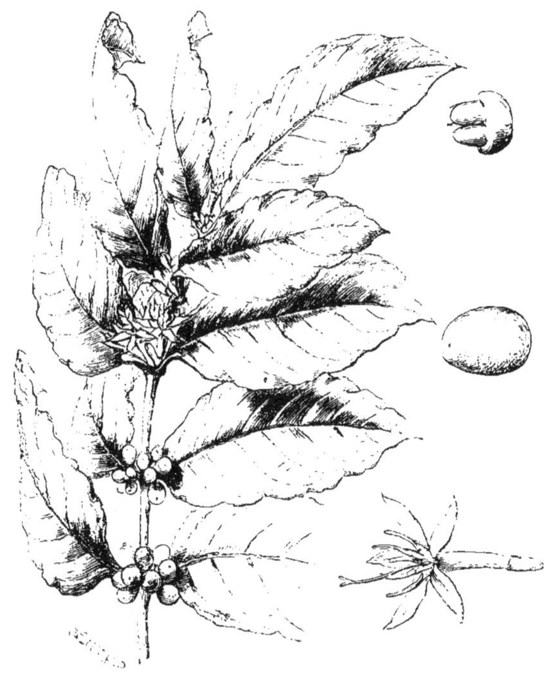

BRANCHE, FRUIT ET FLEUR DU CAFÉIER.

venable, on arrête la torréfaction en refroidissant les grains
par un vannage à l'air. Pendant cette opération, le café augmente d'un tiers en volume et perd 15 à 20 pour 100 en poids.

Le mode de préparation du café a une influence considérable sur la qualité de cette boisson ; les grains doivent être
récemment grillés, et moulus au moment de s'en servir ; l'eau
sera bouillante ; l'infusion et la filtration se feront rapide-

ment; enfin les vases employés seront en porcelaine ou en verre et non en fer-blanc. Un véritable amateur ne confie à personne le soin de cette importante manipulation. Les Orientaux ne préparent pas le café comme nous : ils y laissent le marc et le prennent avec le liquide.

Cent grammes de café convenablement grillé cèdent à l'eau jusqu'à 25 grammes de matières solubles. On comprend donc que l'infusion de café soit nourrissante : elle est sous ce rapport supérieure aux boissons alcooliques et vaut trois fois plus que le bouillon. Mêlée au lait, elle constitue un aliment de haute valeur nutritive et d'un usage presque universel; les reproches qu'on lui a quelquefois adressés ne paraissent pas sérieusement fondés. Le café noir agit surtout comme stimulant des organes digestifs et comme excitant du système nerveux : il exalte les facultés de l'intelligence au lieu de les endormir, comme le font les alcooliques. L'exemple de Fontenelle, de Voltaire, de Frédéric II, de Delille, qui en ont pris avec excès, montre qu'il ne nuit pas à la longévité. Il est précieux dans les pays froids et humides, dans les localités marécageuses où règne la fièvre, aussi bien que dans les climats chauds où l'homme succombe à l'accablement causé par une haute température. Enfin le café est peut-être appelé à rendre à l'humanité un service plus important encore. Beaucoup de savants ont pensé que l'usage modéré du vin était le remède aux maux causés par l'eau-de-vie : malheureusement le vin devient de plus en plus rare; presque toujours il est falsifié : c'est au café qu'il appartient de détrôner l'alcool. Puisque l'homme se passionne pour les excitants, qu'il abandonne ceux qui l'abrutissent et se contente de celui qu'on a appelé une *boisson intellectuelle !*

LE THÉ

Le thé est la feuille d'un arbrisseau de la Chine et du Japon, qui ressemble beaucoup aux camellias de nos serres. On a cru pendant longtemps que le thé noir et le thé vert étaient fournis par deux plantes différentes : aujourd'hui que la Chine est mieux connue, on sait que la différence des deux produits tient au mode de préparation et surtout au degré de torréfaction des feuilles. On fait généralement trois récoltes de thé, en février, en avril et en mai. Les feuilles fraîches sont coriaces et n'ont aucun parfum. Pour développer l'arome, on les plonge d'abord une demi-minute dans l'eau bouillante, puis on les jette dans des bassins de fonte chauffés à la température convenable. Au bout de quelques instants, on les retire et on les roule à la main, toutes brûlantes, sur des nattes de jonc : après quoi, on les fait sécher lentement. Certaines variétés de thé sont, en outre, aromatisées avec les fleurs de l'olivier odorant d'Asie ; enfin on ajoute dans les espèces communes des feuilles d'autres plantes.

Les principales variétés de thé sont : pour les thés verts, le *hyson*, la *poudre à canon* et l'*impérial;* pour les thés noirs, le *pekoe* et le *souchong*. Le pekoe est reconnaissable à une sorte de duvet blanc ; c'est le plus recherché des thés noirs, il est fabriqué avec de jeunes feuilles sortant des bourgeons.

L'usage du thé, établi depuis un temps immémorial en Chine et au Japon, pénétra en Europe à peu près à la même époque que celui du café. La première importation du thé fut faite en 1602 par la Compagnie des Indes Hollandaises. Aujourd'hui, la Russie est, après les pays d'origine, celui qui consomme le plus de thé ; l'Angleterre en importe plus de 40 millions de kilogrammes et les États-Unis plus de 16 millions. En France, la consommation annuelle ne dépasse pas 300 000 kilogrammes: circonstance due certainement à l'usage que nous faisons du café. Le thé et le café ont, en effet, de nombreux points de ressemblance. Les chimistes ont extrait de l'un et de l'autre une même substance solide, blanche, cristallisée en longues aiguilles soyeuses, et qui a reçu les noms de *théine* ou de *caféine*. Est-ce à elle que sont dus les

effets analogues exercés par les deux infusions sur le système
nerveux ? Toutes deux ont une action excitante énergique, mais
celle du thé et surtout du thé vert est plus fatigante : chez
beaucoup de personnes, elle occasionne une irritabilité particulière, un sentiment de tristesse et de lassitude accompagné

BRANCHE DE THÉ.

d'insomnie. L'énorme quantité d'eau chaude qu'ingurgitent
les buveurs de thé n'est pas non plus sans inconvénient : elle
fatigue l'estomac sans lui donner d'éléments réparateurs. Le
pouvoir nutritif du thé pris en infusion est, en effet, à peu
près nul en comparaison de celui du café : il est vrai qu'on y
ajoute du sucre et que les tasses de thé fournissent dans
quelques pays l'occasion d'absorber des douzaines de sand-

wiches, des monceaux de tartines beurrées et des piles de
gâteaux. Chez nous, le thé n'est qu'un régal de famille, un
prétexte à d'agréables réunions, un lien de la vie sociale.

On doit reconnaître cependant qu'il peut être précieux dans
les pays froids, humides, marécageux et qu'il est excellent
pour corriger les mauvaises qualités de certaines eaux. Ce
n'est pas un caprice de la mode qui en a propagé l'usage en
Chine et au Japon. Les eaux dans ces contrées sont généralement malsaines, saumâtres, d'une saveur désagréable : le thé
est le seul moyen par lequel on parvient à les rendre potables.

4° Les boissons alimentaires.

LES POTAGES

La soupe est chez nous un aliment essentiellement national : on ne dit jamais du troupier français qu'il va dîner ou
déjeuner, mais bien qu'il va *manger la soupe*. Cette préparation est à la fois un aliment et une boisson : un aliment par
le pain et autres matières solides qu'on y introduit, une
boisson, par la grande quantité d'eau qu'elle contient.

Le vin, les boissons fermentées sont toujours d'un prix élevé;
l'eau n'est pas toujours d'une qualité irréprochable : aussi les
personnes dont la situation de fortune est médiocre, trouvent
dans l'usage de la soupe le moyen de boire de l'eau et d'en
corriger jusqu'à un certain point les défauts.

Au point de vue alimentaire, nous avons dit précédemment
ce que nous pensions du bouillon et du classique pot-au-feu.
Les potages les plus nourrissants sont préparés avec les purées
de légumineuses, pois, haricots, lentilles, fèves. Quant aux
autres, leur valeur alimentaire est représentée par le pain, le
riz, les pommes de terre, qui servent à les épaissir : les légumes qu'on y introduit, les choux, les carottes, les navets,
l'oseille, ne servent pour ainsi dire que d'assaisonnements.

LE CHOCOLAT

Le mot *chocolat* (chocolatl) est d'origine mexicaine, comme
la graine qui sert à le fabriquer. Le *cacaotier* est un arbre de
sept à huit mètres de haut que l'on rencontre encore à l'état
sauvage dans les forêts de l'Amérique équatoriale. Aujourd'hui
il est cultivé, particulièrement sur les terrains provenant de
défrichement, dans les provinces de Caracas, de Maracaïbo
(Venezuela), de Guyaquil (Équateur), dans les Guyanes, dans les

BRANCHE DE CACAOTIER.

Antilles et au Mexique : on prend le soin de le mélanger avec le
bananier ou d'autres plantes destinées à l'ombrager. Cet arbre
commence à produire à l'âge de quatre ans. Le fruit volumineux (25 centimètres de long et 10 de diamètre) est formé
d'une pulpe sucrée, d'une saveur agréable, au milieu de laquelle se trouvent 25 ou 20 grosses amandes, formant saillie à
l'extérieur. Les graines, extraites des gousses, sont séchées à
l'air et prennent alors la couleur brune qu'elles ont quand on

les expédie. Les principales sortes de cacao sont : le caraque

BRANCHE, FLEURS ET FRUITS DE LA VANILLE.

(le plus estimé de tous), le Maracaïbo, le Guyaquil, le Mara-
gnon, le Cayenne et le cacao des îles.

Les indigènes de l'Amérique, lors de sa découverte, faisaient un usage considérable du cacao comme aliment. Les Espagnols ne lui firent d'abord que peu de fête ; mais ils virent bientôt qu'en y ajoutant du sucre et des aromates, cannelle, vanille, on obtenait un mélange fort agréable et ils introduisirent le chocolat en Europe. L'exemple d'Anne d'Autriche et de Richelieu le mit à la mode à la cour de France ; enfin, en 1661, le parlement autorisa le sieur Chaillou à vendre dans tout le royaume *une certaine composition qui se nomme chocolat*. Les pays qui en consomment le plus aujourd'hui sont la France, l'Espagne et l'Italie ; en France, la consommation atteint 25 à 30 millions de kilogrammes par an.

L'amande du cacaotier contient environ moitié de son poids d'une matière grasse, ou beurre de cacao ; le reste est formé d'une sorte de légumine, d'amidon, d'eau et de produits divers, parmi lesquels se trouve un peu de théine ou caféine. Pour transformer le cacao en chocolat, on commence par le torréfier légèrement afin de développer son arome, de lui enlever une certaine âcreté et de pouvoir le décortiquer plus aisément. Les amandes séparées des pellicules sont mélangées à un poids égal de sucre et à une petite quantité de vanille ; le broyage se fait à une douce température, afin de ramollir le beurre de cacao, et s'exécute, soit dans un mortier de fonte soit au moyen d'un mélangeur, sorte d'auge circulaire dans laquelle roule une meule en granit. La masse rendue bien homogène est mise dans des moules, où elle durcit en se refroidissant : les tablettes obtenues sont enveloppées de papier d'étain pour les préserver de l'humidité.

Le chocolat contient comme principes nutritifs un peu de matière albuminoïde, mais surtout de la graisse et du sucre : aussi sa préparation au lait, matière grasse et sucrée, est-elle peu logique. Préparé à l'eau, il se digère mieux et convient à tous les estomacs : c'est le déjeuner des convalescents, des gens âgés et délicats. Cependant quelques personnes ne le

supporter pas facilement : est-ce l'abondance de graisse qui
le rend difficile à digérer, ou bien ces accidents sont-ils dus à
l'usage d'un chocolat falsifié, ce qui est malheureusement très
fréquent?

Le chocolat est précieux aussi comme aliment solide : contenant beaucoup de matière nutritive sous un petit volume, il
est commode pour les voyages, les promenades.

Nous terminons ici cette revue des principaux aliments solides et liquides : nous avons fait connaître leur origine, leur
mode de préparation, leurs qualités alimentaires. Sans entrer
dans des détails spéciaux qui sont du domaine de la botanique,
de la zoologie, de l'hygiène ou de la chimie, nous avons mis
à contribution ces différentes parties de la science et emprunt
à chacune d'elles les éléments des connaissances les plus
utiles et les plus nécessaires. Est-il en effet une étude qui
nous intéresse à un plus haut degré que celle de notre alimentation? Nous nous sommes attachés à donner des notions
exactes plutôt que complètes sur chaque sujet.

Beaucoup de questions ont été seulement indiquées, parce
que leur développement sortirait du cadre restreint de ce petit
volume. Que de choses utiles nous aurions à dire sur les altérations, les procédés de conservation, les falsifications des
matières alimentaires? Malheureusement elles exigeraient pour
être bien comprises des connaissances assez étendues en physique et en chimie. A combien de dangers nous expose l'introduction de substances étrangères dans les aliments d'un
usage quotidien ! et cependant les choses en sont venues à cet
état qu'aujourd'hui, pour certains d'entre eux, le vin par
exemple, l'état de pureté absolue est presque une rare exception. Beaucoup de substances ajoutées frauduleusement aux
aliments passent pour inoffensives. Sans doute elles le sont
lorsqu'elles pénètrent par hasard dans l'organisme; mais qui
oserait affirmer que l'usage continuel d'aliments falsifiés,

même de cette façon, est absolument sans danger? Que dire
à plus forte raison de ces falsifications déplorables dans lesquelles les matières employées sont vénéneuses? N'a-t-on pas
souvent ajouté à la bière, pour lui donner une amertume spéciale, le plus violent de tous les poisons, la strychnine? L'acide
salicylique, dont les effets sur le système nerveux et cérébral
sont incontestables, n'a-t-il pas été mélangé à une foule de
substances alimentaires? Une matière colorante rouge, contenant quelquefois de l'arsenic, n'a-t-elle pas été employée à
colorer les vins? On est presque tenté de regretter les progrès
de la chimie, en voyant les usages qu'en font les falsificateurs.
Le nombre des affections cérébrales va toujours en augmentant, surtout dans les villes : on est en droit de se demander
si l'usage habituel d'aliments falsifiés et de toutes sortes de
produits fabriqués n'est pas pour beaucoup dans cet accroissement.

Recherchons donc avec le plus grand soin des aliments
d'une pureté irréprochable : choisissons de préférence les plus
simples, ceux que la nature nous offre et prépare elle-même.
La simplicité dans les goûts et la modération dans le boire et
le manger sont les premières conditions d'une bonne santé et
d'une longue vie.

FIN

TABLE DES MATIÈRES

FIN DE LA TABLE DES MATIÈRES

PARIS. — IMPRIMERIE ÉMILE MARTINET, RUE MIGNON, 2.